测土配方施肥项目验收

内蒙古自治区领导检查配方肥经营网点

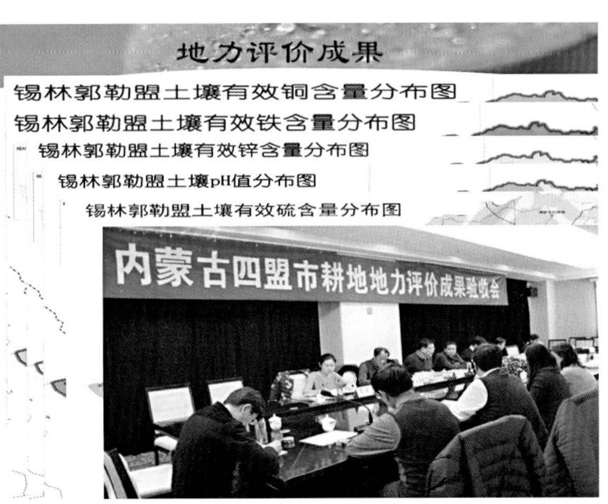

耕地地力评价成果及验收

测土施肥项目汇总培训

专家确定地力评价因子

测土施肥技术培训

讲解施肥技术

发放宣传单

测土施肥宣传

肥料打假宣传

3・15联合执法宣传

种植大户施肥情况调查

查阅档案

肥料企业资料审核

有机肥抽样

化肥抽样

采集土样

样品晾晒

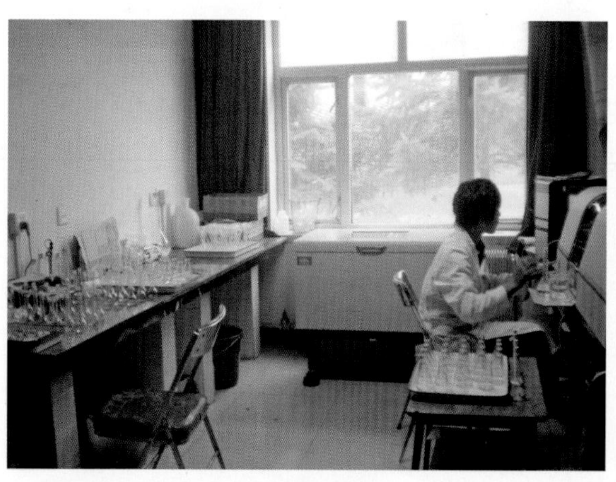

样品测试分析

试验田播种

温室育苗

田间观察

试验田间记载

马铃薯培土

马铃薯试验测产

马铃薯收获

马铃薯示范区

喷灌马铃薯示范区

滴灌马铃薯示范区

马铃薯微量元素试验区

青贮玉米试验测产

青贮玉米示范

锡林郭勒盟牧区耕地与科学施肥

XILINGUOLE MENG MUQU GENGDI YU KEXUE SHIFEI

程　利　胡玉敏　主编

中国农业出版社
北　京

编写人员名单

主　　编：程　利　胡玉敏

副 主 编：曹　军　王晓玲　刘保伟　孙星星

编写人员（按姓氏笔画排序）：

王晓玲　王湘梅　史凌君　吉胡楞图

刘庆文　刘保伟　安西龙　孙星星

苏日古嘎　张　河　赵晓梅　赵静漪

胡玉敏　郭岩峰　曹　军　程　利

项目参加人员（按姓氏笔画排序）：

王秀玲　刘淑华　齐长江　关　福

苏广枝　吴坚强　张万华　张春光

陈世兵　陈守仁　易爱民　夏克平

韩建英

前言

锡林郭勒盟牧区包括阿巴嘎旗、东乌珠穆沁旗、西乌珠穆沁旗、苏尼特左旗、苏尼特右旗、二连浩特市和镶黄旗。自2009年起，根据农业部的部署，锡林郭勒盟土壤肥料和节水农业工作站承担了锡林郭勒盟牧区耕地地力调查与质量评价工作。此项工作是在内蒙古自治区土壤肥料和节水农业工作站的技术指导下，在锡林郭勒盟农牧局直接领导下，于2009—2015年应用地理信息系统（GIS）、全球定位系统（GPS）、遥感（RS）技术（简称3S技术）等高新技术，并采用科学的调查与评价方法完成的。

在野外调查工作中，牧区七旗市共采集土壤样品3 552个。分析化验了土壤pH、有机质、全氮、碱解氮、全磷、有效磷、全钾、速效钾、缓效钾、有效铁、有效锰、有效铜、有效锌、有效硼、有效钼、有效硫、有效硅、交换性钙、交换性镁、阳离子交换量、土壤质地共21项指标，49 340项次。本次调查在充分利用第二次土壤普查成果资料和国土部门相关资料的基础上，应用3S技术和科学的调查与评价方法，建立了锡林郭勒盟牧区耕地资源管理信息系统，基本摸清了锡林郭勒盟牧区耕地及人工草地地力现状，并对牧区耕地及人工草地进行了分等定级，明确了各等级耕地的分布、面积、生产性能、主要障碍因素、利用方向和改良措施，确定了主栽作物配方施肥参数及经济合理的施肥方案，为锡林郭勒盟牧区耕地资源合理利用、配方施肥、综合农业区划、农田基本建设和科学种田提供了依据。

《锡林郭勒盟牧区耕地与科学施肥》阐述了锡林郭勒盟牧区自然与农业生产概况、耕地地力评价、耕地及人工草地土壤属性、耕地地力现状，并且详细介绍了调查与评价的技术路线、方法和评价成果，施肥指标体系的建立，以及主要农作物的科学施肥技术，书后附有耕地资源数据册，可供同行参考及借鉴。

《锡林郭勒盟牧区耕地与科学施肥》是内蒙古自治区土壤肥料和节水农业工作站、锡林郭勒盟及各旗市农牧部门共同工作的成果，也是各级土肥技术人员辛勤工作的结晶，在此表示感谢。

由于缺乏经验，加之编者水平有限，书中不妥之处在所难免，欢迎读者批评指正。

锡林郭勒盟土壤肥料和节水农业工作站

2019年9月

目录

第一章

自然与农业生产概况

第一节　自然与牧区农业概况

一、地理位置与行政区划

锡林郭勒盟牧区包括东乌珠穆沁旗、西乌珠穆沁旗、阿巴嘎旗、苏尼特左旗、苏尼特右旗、镶黄旗、二连浩特市 7 个牧业旗市，是国家重要的畜产品生产基地，又是西部大开发的前沿，是距京津最近的草原牧区。地处东经 111°08′～119°58′、北纬 41°56′～46°46′，属北部温带大陆性气候。北与蒙古国接壤，南部、西部与乌兰察布市相连，东接赤峰市、兴安盟和通辽市。二连浩特市是中国通往蒙古国、俄罗斯和东欧各国的大陆桥。

二、自然气候和水文地质条件

（一）气候条件

锡林郭勒盟牧区是内蒙古高原的一部分，地处半干旱—干旱气候区，具有干旱、少雨、寒暑剧变的典型大陆性气候特征。太阳辐射较强，气温日较差大，无霜期短，平均 100～120d，西部地区稍长。气候特点：春季风多干旱，夏季短促雨热不均，秋季凉爽初霜早，冬季寒冷漫长。

据气象资料，年日照时数大部分为 2 800～3 200h，西部地区 3 200h 以上。年平均气温大部分地区为 0～3℃，极端最高气温 39.9℃，极端最低气温－42.4℃。全年≥10℃的有效积温 1 900～2 400℃，2 000℃等积温线呈东北—西南向，此线以东的东乌珠穆沁旗、西乌珠穆沁旗东部等地区大部分低于 2 000℃，局部低于 1 800℃，西部地区 2 200℃以上，苏尼特右旗、二连浩特市达到 2 400℃。全年平均降水量 200～350mm，西北部不足 150mm，东部、南部边缘地区可达 400mm 以上，降水集中在 6～8 月，此期间降水量占年降水量的 70%左右，降水量分布自东南向西北递减；苏尼特左旗、苏尼特右旗大部分不足 200mm，二连浩特市不足 150mm，西乌珠穆沁旗可达 350mm 以上。年平均蒸发量 1 500～2 700mm，大部分地区蒸发量为降水量的 6～10 倍。

（二）水文地质条件

1. 地表水　全盟年径流情况与降水一致，从东乌珠穆沁旗到阿巴嘎旗、镶黄旗以北直至中蒙边界一带有 10.66 万 km^2 的无流区。呼尔查干淖尔水系为阴山以北的内陆水系，位于阿巴嘎旗的南部，主要河流有高格斯台河、恩格尔河（表 1-1），两河均注入阿巴嘎旗南部的呼尔查干淖尔。乌拉盖河水系发源于东乌珠穆沁旗宝格达山林场西北，贯穿锡林郭勒盟境内东部草原区，由东向西共有 11 条主要河流，总流域面积为 6.88 万 km^2。境内的湖泊及洼地较多，但大部分都呈季节性积水。呼尔查干淖尔位于阿巴嘎旗南部，水域面积 109.93km^2；额吉淖尔位于东乌珠穆沁旗额吉淖尔镇境内，水域面积1 081.65km^2，属咸水淖尔；阿日善戈壁淖尔位于苏尼特左旗查干淖尔境内，水域面积 14.86km^2；达布森淖尔位于二连浩特市境内，水域面积 9.10km^2，属盐水淖尔。

表 1-1　牧区七旗市地表水资源情况

旗市	流域面积（km^2）	年平均径流量（万 m^3）	主要河流
东乌珠穆沁旗	7 427	12 000	乌拉盖河
西乌珠穆沁旗	22 960	15 980	吉林河、巴拉格尔河、高力罕河
阿巴嘎旗	3 425	4 320	高格斯台河、灰腾河
二连浩特市			
苏尼特左旗	1 689	1 260	恩格尔河
苏尼特右旗			
镶黄旗	4 393	2 000	

2. 地下水　锡林郭勒盟地质构造较为复杂，地貌类型多样，气候条件、水文条件及水文地质条件均有差异。全盟分为六大水文地质单元，涉及牧区的各单元地下水资源及富水特性如下：

（1）大兴安岭西坡丘陵水文地质单元。位于西乌珠穆沁旗东部、南部和东乌珠穆沁旗的东部，面积约 23 994km^2，主要岩性为火山岩及古生界变质岩。火山岩裂隙水较发育。在丘陵间河谷中，有第四系沙和沙砾石孔隙潜水含水层分布。有充足的山区径流补给，地下水资源非常丰富，一般地下水位埋深小于 5m，矿化度小于 1g/L，单井涌水量 10～100t/h，水化学类型为重碳酸及碳酸硫酸型。

（2）乌珠穆沁盆地水文地质单元。面积约 59 827km^2，包括东乌珠穆沁旗、西乌珠穆沁旗的大部分地区。盆地水位埋深小于 10m，沟谷河谷埋深小于 5m。盆地单井涌水量 30～50t/h，水质良好，矿化度普遍小于 1g/L。水化学类型为 $Cl\text{-}SO_4\text{-}Na\text{-}Mg$ 型。

（3）阿巴嘎熔岩台地水文地质单元。面积约 25 251km^2。台地均由一层厚 30～50m 的裂隙较发育的玄武岩覆盖，其下为红色泥岩、砂岩和玄武岩互层。台地中部潜水位埋深大于 70m，四周变为 30～70m、10～30m；单井涌水量一般小于 10t/h，局部靠边缘地区达 10～50t/h；矿化度小于 1g/L，水化学类型为 $HCO_3\text{-}Na\text{-}Mg$ 型。台地边缘有泉水出露，泉水流量 10～20t/h，个别大于 60t/h，少的 1t/h；矿化度小于 1g/L，水化学类型以 $HCO_3\text{-}SO_4\text{-}Na$ 型、$HCO_3\text{-}SO_4\text{-}Mg$ 型为主。

（4）苏尼特层状高原水文地质单元。包括苏尼特左旗、苏尼特右旗和二连浩特市的大部分地区。面积约 51 909km^2。主要岩性是花岗岩和变质岩，裂隙不十分发育；单井涌水量小于 10t/h，潜水位埋深 10～50m，不稳定，矿化度小于 1g/L。集二铁路以东为二级高平原的条形地带，地形低洼，是该地区的低槽，呈北东至南西向分布；含水层岩性多为半胶结砂砾岩、下伏泥岩；水位埋深由东向西逐步加深，矿化度为 1～2g/L。

在集二铁路东部朱日和与齐哈日格图有一古河道，含水层为第三系渐新世砂砾岩。古

河道宽 5～8km，向北延伸至赛罕戈壁。水位埋深由南向北逐步变浅。

（5）浑善达克沙地水文地质单元。沙地呈条带状分布于苏尼特右旗、苏尼特左旗、阿巴嘎旗、镶黄旗等旗市境内，面积约 22 303km^2。沙地地下水以第四系沙丘潜水为主，东部区民井涌水量 1～5t/h，矿化度 1g/L，水化学类型以 HCO_3、HCO_3-Cl 型为主。沙丘洼地及湖盆地区矿化度 1～3g/L，水化学类型以 HCO_3 及 HCO_3-Cl 型为主。西部区单井涌水量一般小于 1t/h，水质矿化度为 1～1.5g/L，水化学类型以 HCO_3-Cl-Mg 型为主。沙漠潜水位埋深一般小于 10m，在沙丘间较低处潜水位埋深只有 1～2m。

（6）阴山东段浅山丘陵水文地质单元。本单元系多伦县、太仆寺旗、正镶白旗、镶黄旗及正蓝旗南部一带。面积约 19 296km^2。该区主要有玄武岩、凝灰岩、流纹岩，裂隙发育且含水。单井涌水量一般小于 10t/h，泉水流量 2～7t/h。在低山丘陵间沟谷河谷较发育，水位埋深小于 10m，单井涌水量 80t/h 以上，一般为矿化度小于 1g/L 的 HCO_3-Ca 型水。

牧区七旗市可利用水资源分布情况见表 1-2。

表 1-2　牧区七旗市可利用水资源分布情况（2010 年）

单位：万 m^3

旗市	地表水可利用量	地下水可开采用量	重复利用量	合计
阿巴嘎旗	920	19 519	146	20 293
东乌珠穆沁旗	15 932	56 413	2 526	69 819
西乌珠穆沁旗	9 489	24 133	1 504	32 117
苏尼特左旗	515	9 712	82	10 145
苏尼特右旗		7 476		7 476
二连浩特市		71		71
镶黄旗		2 364		2 364
合计	26 856	119 688	4 258	142 285

3. 水资源开发利用　牧区饲草料灌溉由井灌开始，主要分为两个阶段：第一阶段是以筒井灌溉为主，即在解决人畜饮水的同时，开展饲草料灌溉。第二阶段是以机电井为主专门发展饲草料灌溉。近些年以发展大型喷灌为主，既扩大了浇灌面积，也大幅提高了灌溉效果。1990 年牧区（除二连浩特市）有筒井2 000眼左右，之后逐步被机电井取代，以机电井为主发展饲草料灌溉，水量充足，灌溉面积较大。到 2012 年牧区七旗市有配套机电井 5 699 眼，其中东乌珠穆沁旗 1 090 眼、西乌珠穆沁旗 1 243 眼、阿巴嘎旗 620 眼、二连浩特市 13 眼、苏尼特左旗 625 眼、苏尼特右旗 1 090 眼、镶黄旗 1 018 眼。

三、地形地貌

锡林郭勒盟牧区是一个以高平原为主体，兼有多种地貌的地区，地势南高北低，为大兴安岭向西和阴山山脉向东延伸的余脉。西、北部地形平坦，零星分布低山丘陵和熔岩台地，海拔 800～1 800m。

大兴安岭西麓低山丘陵区横亘于东乌珠穆沁旗东部和西乌珠穆沁旗东部和南部，成为锡林郭勒盟与兴安盟、通辽市及赤峰市的分界线。乌珠穆沁波状高平原主要分布于东乌珠穆沁旗与西乌珠穆沁旗北部和锡林浩特东部。

阿巴嘎旗火山熔岩台地，南抵浑善达克沙地北缘，东以锡林河为界，西至阿巴嘎旗查干淖尔，北至巴龙马格隆丘陵地。

苏尼特层状高平原，在地貌上属于乌兰察布高原，包括苏尼特左旗大部和苏尼特右旗朱日和以北的大部分地区。

察哈尔低山丘陵地区，包括苏尼特右旗朱日和以南地区和镶黄旗。

四、成土母质

成土母质是形成土壤的物质基础，其类型也是划分土属的重要依据。锡林郭勒盟牧区地貌类型多样，地质条件复杂，成土母质类型也多种多样。按岩性及风化物属性的异同，主要有结晶岩残坡积物、砂砾岩、泥质岩、黄土状物、冲洪积物、风积物等。

（一）结晶岩残坡积物母质

结晶岩残坡积物母质包括各种酸性结晶岩类（花岗岩、流纹岩、片麻岩等）风化物、中性结晶岩类（正长石、粗面岩、安山岩等）风化物、基性结晶岩类（玄武岩、辉长岩、辉绿岩等）风化物。主要分布在山丘的中上部及高台地上，残坡积物上发育的土壤土层薄，质地较粗，土壤发育差，含有大量的粗沙、砾石和石块。有的母岩裸露，肥力一般较低。

（二）砂砾岩母质

砂砾岩母质是由砂岩、砂砾岩风化形成的。在砂砾岩母质上形成的土壤，一般均含有砾石，质地较粗，以沙壤土为主，土壤养分一般较贫瘠。砂砾岩分布在锡林郭勒盟北部的高平原上，如乌珠穆沁波状高原、苏尼特层状高原及阿巴嘎熔岩台地上。

（三）泥质岩母质

泥质岩母质是由杂色泥质岩、页岩、板岩、凝灰岩等风化形成的。在泥质岩母质上发育的土壤，一般土层较厚，土壤质地比较细，多为中壤或黏壤，不含砾石。多分布在丘间、台间平地或高原的低平地上，泥质岩母质在锡林郭勒盟分布极广，从南部的低山丘陵到北部的高平原上都有分布。

（四）黄土状物母质

黄土状物母质是由风积沉积形成的。在锡林郭勒盟大兴安岭西坡麓及察哈尔低山丘陵坡麓地带均有分布。在黄土状物母质上发育的土壤，土层深厚，土壤质地细，多为轻壤或中壤，保水肥性能好，养分含量较高，但黄土状物母质土壤抗侵蚀性不强，侵蚀较严重。

（五）冲洪积物母质

冲洪积物母质由河流冲积、洪水搬运沉积形成。多分布在河流两岸的河漫滩、阶地与山前洪积扇上。冲洪积物母质发育的土壤，由于水的分选作用层理明显，土层下部常为粗粒，有时二者相间。离河流越远的地方土壤质地越细，近河比远河颗粒粗。冲洪积物母质发育的土壤一般较肥沃，但保供水肥能力差。

（六）风积物母质

风积物母质是风力搬运的沙质堆积物。主要分布在锡林郭勒盟的浑善达克沙地和嘎亥额勒苏沙地上。风积物母质发育的土壤多为风沙土或风积类型土壤，全剖面以沙或沙土为

主，层次不明显，植被覆盖度极低，有机质及各种养分贫乏。

五、土壤分布

土壤分布是与其所处的生物气候条件相适应的。不同的生物气候条件，发育着不同的土壤。表现出垂直分布与水平分布的规律性。同时，土壤的分布还受地貌、水文地质以及土壤母质影响，具有区域性分布的特点。土壤水平地带性分布主要取决于生物气候条件，同时也受母岩及地形的影响。

锡林郭勒盟牧区地域广袤，自东向西跨越了山地森林—典型草原带—草原带和荒漠草原带，并相应地分布着灰色森林土、黑钙土、栗钙土、棕钙土。牧区耕地及人工草地的主要土壤类型有栗钙土、黑钙土、棕钙土 、灰色草甸土，分别占面积的 44.2%、26.3%、11.3%和 10%。在草原植被下广泛分布着栗钙土，它是锡林郭勒盟牧区的主体土壤。同时由于东西部生物与气候的差异，在栗钙土带中又有规律地自东向西分布着暗栗钙土、栗钙土、淡栗钙土。暗栗钙土东缘与黑钙土相接，淡栗钙土西缘与棕钙土相接。

六、土地资源概况

锡林郭勒盟牧区地域辽阔，土地资源丰富。据国土部门 2012 年第二次土地利用现状调查资料，锡林郭勒盟牧区土地总面积 156 340km^2。各类用地中草地面积最大，占土地总面积的 92.7%，森林面积占土地总面积的 5.5%。其中人工草地面积占草地面积的 0.18%，占土地总面积的 0.15%；耕地面积较小，只占土地总面积的 0.08%。

第二节　牧区农牧业生产概况和生产中存在的问题

一、农牧业生产概况

锡林郭勒盟牧区是蒙古族聚居区，由蒙古族、汉族、回族、满族等民族组成。2016 年末总人口为 34.53 万人，其中蒙古族 19.34 万人，占牧区总人口的 56%。

牧区草原辽阔，早在商周时期这里就出现了游猎和养畜的氏族部落。由于天然草原占绝对比重，因此牧民一直把养畜作为主要经济来源。长期以来，靠天养畜成为畜牧业发展的主流，但由于当地气候寒冷，枯草期相对较长，再加上草原超载过牧，给草原的合理利用带来了诸多困难，草原退化的趋势在逐步加快。锡林郭勒盟为了稳定畜牧业的发展，提出了保护草场、建立人工饲草料基地等措施，开展了草场评估和畜牧业区划轮牧等工作，为加强治理、合理调整和充分利用草原打下了基础。牧区七旗市主要以畜牧业为主，除苏尼特右旗和镶黄旗农业比重较大外，其余地区大部分是为牧而种的高产饲料基地和人工草地，二连浩特市属陆路口岸，农牧业比重相对较小。各旗市种植的作物主要为青贮玉米和马铃薯。据 2016 年统计资料：牧区七旗市播种总面积 10 757hm^2，其中阿巴嘎旗 403hm^2、苏尼特左旗 1 247hm^2、苏尼特右旗 2 648hm^2、东乌珠穆沁旗 1 729hm^2、西乌珠穆沁旗 1 769hm^2、镶黄旗 2 895hm^2、二连浩特市 66hm^2。

锡林郭勒盟牧区种植业水平普遍偏低，种植户也大都为外来的承包户，主要进行喷灌规模化种植。由于种植户不了解土壤养分状况和受经济利益的驱使，进行盲目施肥。同时许多地方还存在着土壤障碍因素，致使施肥效果差，作物生长受限制，造成肥料资源浪费、农业生产成本增加。而旱地却存在施肥量不足，耕地生产潜力得不到发挥的问题。根据农业部和内蒙古自治区农牧厅的总体安排，2009 年锡林郭勒盟土壤肥料和节水农业工作站开始在这 7 个牧业旗市实施测土配方施肥项目，免费为农牧民测土化验，建立施肥指标体系和施肥配方，推广适合不同作物和不同地力条件的配方肥，广泛开展测土配方施肥技术服务，全面提升农牧民施肥技术水平。

二、农牧业生产中存在的问题

一是干旱。锡林郭勒盟牧区以旱作农业为主，属典型的雨养农业。干旱是制约农牧业生产发展的主要因素。对农牧业生产来说主要是影响牧草和作物的生长和产量的形成。二是掠夺式经营，用养失调。由于传统观念形成了广种薄收粗放经营的耕作习俗，主要表现在有机肥、化肥投入少，秸秆还田、种植绿肥、合理轮作等措施跟不上，耕地养分入不敷出，造成土壤肥力下降。三是农牧业科技水平低。近几年，虽然在作物栽培、品种、施肥等方面的新技术推广上做了大量工作，但由于农技推广的投入少，农牧民的接受能力差，整体农牧业生产的科技水平较低，农牧业生产手段还比较落后。

牧区人工草地和高产饲料基地虽然水利等基础设施较为完善，但由于长期以来耕作方式较为粗放，有机肥投入不足，造成土壤肥力不同程度下降。特别是近年来，一些企业和农牧民受经济利益驱使，改变高产饲草料基地用途而种植经济作物、粮食作物等，对草原生态造成了破坏，高产饲草料基地出现撂荒、弃耕。人工草地和高产饲料基地建设是增加饲草料有效供给、减少草场压力、改善草原生态环境的基础性工作和关键措施，近几年针对人工草地和高产饲料基地建设中存在的因技术集成不够、综合技术能力低、田间管理水平低、肥力投入不足等而引起的青贮玉米产量不高、人工草地利用年限短、经济效益比较差等问题，分区进行人工草地和高产饲料基地建设。通过实施模式化栽培技术，加大投入(施足底肥和追肥)，加强田间管理（中耕、除草等），不断提高单产和经济效益。

第二章

耕地地力评价

锡林郭勒盟牧区耕地地力调查及评价是在继第二次土壤普查之后，为了解和掌握耕地及人工草地土壤养分现状、理化性状及土壤属性和在生产中存在的问题而开展的一项基础性工作，同时还开展了农牧户施肥情况调查，为科学施肥提供依据。

牧区耕地地力调查和评价工作自 2009 年 4 月开始，整个过程经历了收集资料、野外调查采样、样品分析测试、耕地资源信息管理系统的建立、评价与汇总等几个主要阶段（图 2-1）。

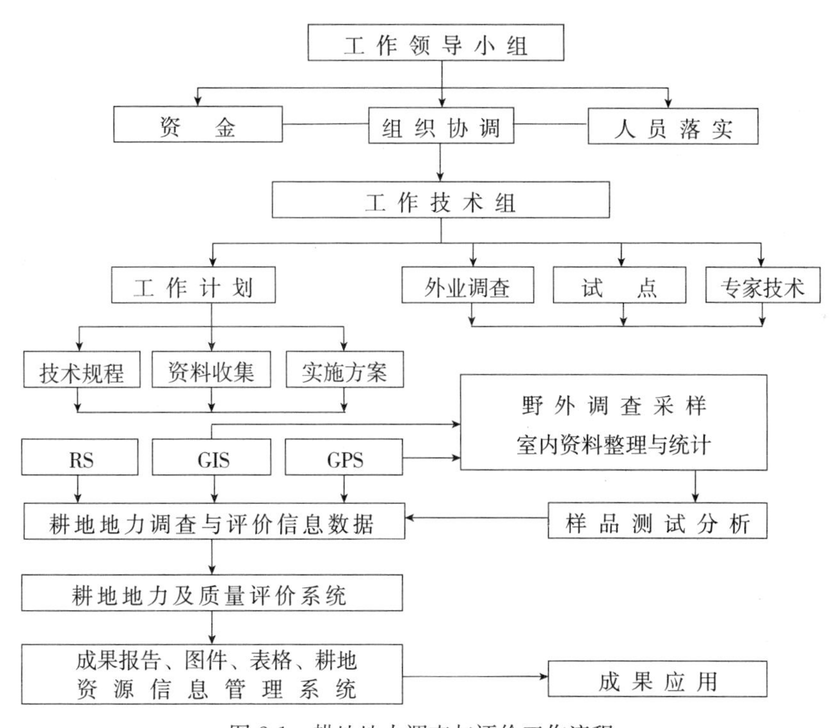

图 2-1　耕地地力调查与评价工作流程

第一节　土壤样品采集

一、资料收集

耕地地力评价是在充分利用历史资料的基础上而开展的一项基础工作，因此资料收集是其中一项重要内容。

（一）图件资料

收集的图件有土壤图（1∶10 万）、土地利用现状图（1∶10 万）和行政区划图。

（二）数据及文本资料

收集了第二次土壤普查的有关文字和养分数据资料，农业统计资料，近年的肥料试验资料，历年来的土壤肥力监测点田间记载资料及化验结果资料，植保部门的农药使用数量及品种资料，水利部门的水资源开发资料，农业部门的农田基础设施建设资料等。

二、调查采样

（一）采样点布设

以牧区各旗市的土地利用现状图为工作底图，采样前详细了解采样地区的地形地貌、土壤类型、施肥水平等，根据调查掌握的情况划分采样单元，确定采样点数。以土种为基础进行整体布局，所有土种都进行采样，结合土壤图、地形图，勾绘采样单元。同一采样单元的地形地貌、土壤类型、地力等级、施肥水平等因素基本一致，确保样点具有代表性。在每个采样单元的中心位置选择 1 个 0.07～0.67hm^2（1～10 亩）大小的典型地块，布设 1 个采样点，并在图上标明位置。

（二）土壤样品采集方法

应用布设好的样点分布图，在野外确定具体的采样地块，用 GPS 定位，确定具体空间位置。每个采样地块按照随机、等量和多点混合的原则，采集 10 个样点的土样，均匀混合后用四分法留取 1kg 左右的样品成为 1 个混合样，采样深度 0～20cm，并在土袋上注明野外编号。一袋土样填写两张标签，内外各一张，标签上的野外编号要与土袋上的野外编号一致。

（三）农牧户施肥情况调查

采集土壤样品的同时，调查了每个采样地块的基本情况和上年度的农业生产情况，内容包括耕地的立地条件、土壤情况、施肥管理水平和生产能力等。重点调查了农牧户的施肥情况，包括施用肥料的种类、数量和施肥时期、施肥方法等，通过统计分析明确农牧户的施肥现状和存在的主要问题，为研究施肥配方和指导农牧户科学施肥提供依据。

（四）采样地块基本情况调查

采样时，对采样地块自然条件（地貌类型、地形部位、田面坡度、地下水位、降水量、有效积温、无霜期）、生产条件（农田排水能力、灌溉方式、种植制度、生产水平等）、土壤情况（土类、亚类、土属、土种、侵蚀程度、耕层厚度等）进行调查。

三、采样数量

2009—2015 年，牧区七旗市（二连浩特市、阿巴嘎旗、苏尼特左旗、苏尼特右旗、东乌珠穆沁旗、西乌珠穆沁旗和镶黄旗）共采集土样 3 552 个，其中二连浩特市 353 个、阿巴嘎旗 240 个、苏尼特左旗 344 个、苏尼特右旗 732 个、东乌珠穆沁旗 830 个、西乌珠穆沁旗 705 个、镶黄旗 348 个。

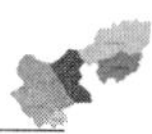

第二节　化验室建设与分析测试

一、化验室建设及测试能力

锡林郭勒盟土壤肥料和节水农业工作站中心化验室坐落在太仆寺旗宝昌镇，是第二次土壤普查时建立的。化验室建筑面积 360m^2，具备土壤常规分析检测、中微量元素分析检测、肥料分析检测、植物样品分析检测等检测能力。2006 年为适应测土施肥项目的多项次、大批量、高精度的技术要求，又对中心化验室进行了改造维修和重新布局，划分出了必备功能室，购置更新了部分仪器设备，使化验室在原有的基础上得到了完善。

二、分析化验项目及方法

（一）土壤样品分析

为全面掌握和了解耕地及人工草地的土壤养分状况及障碍因素，对土壤样品进行了 21 个项目的分析测试，其中，全部土壤样品分析测试了有机质、全氮、碱解氮、有效磷、速效钾、缓效钾、pH、有效硼、有效锌、有效铁、有效锰、有效铜和有效硫 13 个项目；10%的样品分析测试了全磷、全钾、有效钼、交换性镁、土壤质地和阳离子交换量；5%的样品分析测试了交换性钙和有效硅。2009—2015 年七旗市共分析测试了土壤样品 3 552 个，分析化验 49 340 项次，各项目检测方法见表 2-1。

表 2-1　土壤各种理化性状分析化验项目及方法

化验项目	化验方法
pH	电位法
阳离子交换量	EDTA-乙酸铵盐交换法
有机质	重铬酸钾-硫酸溶液—油浴法
全氮	凯氏蒸馏法
碱解氮	碱解扩散法
全磷	氢氧化钠熔融—钼锑抗比色法
有效磷	碳酸氢钠浸提—钼锑抗比色法
全钾	氢氧化钠熔融—火焰光度法
缓效钾	硝酸提取—火焰光度法
速效钾	乙酸铵浸提—火焰光度法
有效铁	DTPA 浸提—原子吸收分光光度法
有效锰	DTPA 浸提—原子吸收分光光度法
有效铜	DTPA 浸提—原子吸收分光光度法

（续）

化验项目	化验方法
有效锌	DTPA 浸提—原子吸收分光光度法
有效硼	沸水浸提—甲亚胺-H 比色法
有效钼	草酸-草酸铵浸提—极谱法
有效硫	磷酸盐-乙酸浸提—硫酸钡比浊法
有效硅	柠檬酸浸提—硅钼蓝比色法
交换性钙	乙酸铵交换原子吸收分光光度法
交换性镁	乙酸铵交换原子吸收分光光度法
土壤质地	简易比重计法

（二）植物样品分析

植物样品的测试包括对籽实全氮、全磷、全钾含量的测定。全氮采用硫酸-过氧化氢消煮—半微量蒸馏法测定，全磷采用钒钼黄吸光光度法测定，全钾用火焰光度法测定。

三、分析测试质量控制

为提高分析测试的准确度，在操作过程中严格按照测试技术规程规定的标准进行，同时还采用了平行双样、再现性、重复性、样内外检等质量控制手段。并按化验员的技术专长，每人负责一个项目的测定，每个批次分析测试 40～60 个样品，带 1 个参比样和 10 个平行双样。每批样品分析测试完后均由化验室主任对测试结果进行检查，全部符合标准要求再进行下一个批次的分析。

第三节　耕地地力评价依据和方法

一、评价依据

耕地地力是指由土壤本身特性、自然背景条件和耕作管理水平等要素综合构成的耕地生产能力。评价是以通过调查获得的耕地自然环境要素、耕地土壤理化性状、耕地农田基础设施和管理水平等为依据进行的。通过各因素对耕地地力影响的大小进行综合评定，确定不同的地力等级。

耕地的自然环境要素包括耕地所处的地形地貌、水文地质、成土母质等；耕地土壤的理化性状包括土体构型、有效土层厚度、质地等物理性状和土壤有机质、氮、磷、钾以及中微量元素等化学性状；农田基础设施和管理水平包括灌排条件、水土保持工程建设以及培肥管理水平等。

牧区耕地地力评价是依据《全国耕地类型区、耕地地力等级划分》（NY/T 309—1996）及《内蒙古耕地地力分等定级技术规程》对牧区耕地及人工草地地力进行评价和等

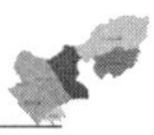

级划分的，对各评价单元的耕地生产性能综合指数按等距法和累积频率曲线法，将牧区耕地及人工草地进行等级划分。评价时遵循以下几方面的原则。

1. 综合因素研究与主导因素分析相结合的原则　耕地地力是各类要素的综合体现，综合因素研究是对地形地貌、土壤理化性状以及相关的社会经济因素进行综合研究、分析与评价，以全面了解耕地地力状况。主导因素是指对耕地地力起决定作用的、相对稳定的因子，在评价中要着重对其进行研究分析。

2. 定性与定量相结合的原则　影响耕地地力的因素有定性的和定量的，评价时定量和定性评价相结合。在总体上，为了保证评价结果的客观合理，尽量采用可定量的评价因子如土壤有机质、有效土层厚度等按其数值参与计算评价；对非数量化的定性因子如地形部位、土体构型等要素进行量化处理，确定其相应的指数，运用计算机进行运算和处理，尽量避免人为因素的影响；在评价因素筛选、权重、评价评语、等级的确定等评价过程中，尽量采用定量化的数学模型。在此基础上，充分应用专家知识，对评价的中间过程和评价结果进行必要的定性调整。

3. 采用 GIS 支持的自动化评价方法原则　耕地地力评价充分应用计算机技术，通过建立数据库、评价模型，实现全数字化、自动化的评价技术流程，在一定程度上可以作为耕地地力评价的最新技术方法。

二、评价的技术流程

地力评价的整个过程主要包括三方面的内容：一是相关资料的收集、建立相关的数据库；二是耕地地力评价，包括划分评价单元，选择评价因子并确定单因子评价评语和权重，计算耕地地力综合指数，确定耕地地力等级；三是评价结果分析，即依据评价结果，量算各等级的面积，编制耕地地力等级分布图，分析耕地使用中存在的问题，提出耕地资源可持续利用的措施建议。评价的技术流程见图 2-2，主要分为以下几个步骤。

（一）评价指标的确定

耕地地力评价指标的确定主要遵循以下几方面的原则，一是选取的评价因子对耕地地力有较大影响；二是选取的评价因子在评价区域内变异较大，便于划分耕地地力等级；三是选取的评价因子在时间上具有相对的稳定性，评价结果能够有较长的有效期。根据上述原则，聘请自治区、盟市、旗市农业方面的 8 位专家组成专家组，在全国耕地地力评价指标体系框架中，选择适合当地并对耕地地力影响较大的指标作为评价因子。通过两轮筛选，确定气象条件、立地条件、理化性状、剖面性状、土壤管理 5 个项目的 13 个因子作为牧区耕地地力的评价指标。

1. 气象条件　≥10℃积温、降水量。

2. 立地条件　地貌类型、成土母质、侵蚀程度。

3. 理化性状　质地、有机质含量、有效磷含量、速效钾含量。

4. 剖面性状　有效土层厚度、潜水位埋深。

5. 土壤管理　灌溉保证率、抗旱能力。

图 2-2 耕地地力评价技术流程

(二) 评价单元的划分

评价单元是评价的最基本单位，评价单元划分的合理与否直接关系到评价结果的准确性。本次耕地地力评价采用土壤图、土地利用现状图叠加形成的图斑作为评价单元。土壤图划分到土种，土地利用现状图划分到二级利用类型，同一评价单元的土种类型、利用方式一致。牧区共划分出2 949个评价单元，最小评价单元 0.01hm²。

（三）评价单元获取数据

每个评价单元都必须有参与耕地地力评价指标的属性数据。数据类型不同，评价单元获取数据的途径也不同，分为以下几种途径：

（1）土壤有机质、有效磷、速效钾含量，由点位图利用空间插值法生成栅格图，与评价单元图叠加，使评价单元获取相应的属性数据。

（2）潜水位埋深、灌溉保证率、地貌类型、降水量、≥10℃积温，利用矢量化的土地利用现状图和行政区划图为基础制作对应图层并与评价单元图叠加，为评价单元赋值。

（3）有效土层厚度、侵蚀程度、抗旱能力、成土母质、质地，根据不同的土壤类型给评价单元赋值。

三、评价方法和结果

根据耕地地力评价技术流程，在建立的空间数据库和属性数据库的基础上进行评价。首先确定各评价因子隶属关系，应用层次分析法和模糊评价法计算各因子的权重和评价评语，在耕地资源管理信息系统支撑下，以评价单元图为基础，计算耕地地力综合指数，应用累积频率曲线法确定分级方案，评价出耕地的地力等级。

（一）单因子评价隶属度的确定

根据模糊数学的基本原理，一个模糊性概念就是一个模糊子集，模糊子集的取值为0～1的任一数值（包括0与1），隶属度是元素 x 符合这个模糊性概念的程度。完全符合时为1，完全不符合时为0，部分符合即取0～1的一个值。隶属函数表示 x_i 与隶属度之间的解析函数，根据函数可计算出 x_i 对应的隶属度 u_i。

1. 隶属函数模型的选择 根据牧区评价指标的类型，选定的表达评价指标与耕地生产能力关系的函数模型为戒上型和概念型两种类型，其表达式分别为：

（1）戒上型函数（如有机质、有效磷含量等）。

$$y_i=\begin{cases}0 & u_i<u_t\\ 1/[1+a_i(u_i-c_i)^2] & u_t<u_i<c_i(i=1,\ 2,\ \cdots,\ n)\\ 1 & c_i<u_i\end{cases}$$

式中，y_i 为第 i 个因子的评语；u_i 为样品观察值；c_i 为标准指标；a_i 为系数；u_t 为指标下限值。

（2）概念型指标（如地貌类型、质地）。这类指标其性状是定性的、综合的，与耕地的生产能力之间是一种非线性的关系。

2. 隶属度专家评估值 由专家组对各评价指标与耕地地力的隶属度进行评估，给出相应的评估值。对8位专家的评估值进行统计，作为拟合函数的原始数据。专家评估结果见表2-2。

表2-2 专家评估值

评价因子	项目	专家评估值									
有机质（g/kg）	指标	7	11	15	19	23	27	31	35	39	43
	评估值	0.21	0.27	0.37	0.49	0.62	0.73	0.84	0.86	0.95	0.96

（续）

评价因子	项目	专家评估值									
有效磷（mg/kg）	指标	2	6	10	14	18	22	26	30	34	
	评估值	0.25	0.33	0.43	0.54	0.67	0.80	0.88	0.92	0.95	
速效钾（mg/kg）	指标	70	100	130	160	190	220	250	280	310	340
	评估值	0.24	0.30	0.42	0.54	0.67	0.76	0.84	0.91	0.95	0.98

3. 隶属函数的拟合 根据专家给出的评估值与对应评价因子指标值，应用戒上型函数模型进行回归拟合，建立回归函数模型（表2-3），并经拟合检验达显著水平者用以进行隶属度的计算。13项评价因子中3项为数量型指标，可以应用模型进行模拟计算，10项为概念型指标，由专家根据各评价指标与耕地地力的相关性，通过经验直接给出隶属度（表2-4）。

表2-3 评价因子类型及其隶属函数

函数类型	项目	函属函数	c	u_t
戒上型	有机质（g/kg）	$y=1/[1+2.6412\times10^{-3}(u-c)^2]$	40	7
戒上型	有效磷（mg/kg）	$y=1/[1+4.3056\times10^{-3}(u-c)^2]$	30	2
戒上型	速效钾（mg/kg）	$y=1/[1+4.221\times10^{-5}(u-c)^2]$	310	70

表2-4 非数量型评价因子隶属度专家评估值

评价因子	项目	专家评估值						
侵蚀程度	指标	重度侵蚀	中度侵蚀	轻度侵蚀	无侵蚀			
	隶属度	0.4	0.6	0.7	0.8			
抗旱能力	指标	弱	中	强				
	隶属度	0.36	0.63	0.90				
成土母质	指标	河湖相沉积物	风积物	砂砾岩	残坡积物	泥质岩	黄土状物	冲洪积物
	隶属度	0.4	0.4	0.4	0.46	0.56	0.84	0.63
地貌类型	指标	高平地	熔岩台地	丘陵	丘间平地			
	隶属度	0.4	0.41	0.71	0.89			
潜水位埋深	指标（m）	>70	50～70	<50				
	隶属度	0.4	0.64	0.83				
灌溉保证率	指标	无灌溉	基本满足	充分满足				
	隶属度	0.4	0.7	0.85				
有效土层厚度	指标（cm）	<30	30～60	>60				
	隶属度	0.43	0.66	0.70				
≥10℃积温	指标（℃）	1 800～1 900	>1 900～2 000	>2 000				
	隶属度	0.46	0.66	0.89				

（续）

评价因子	项目	专家评估值				
降水量	指标（mm）	<200		200～300		>300
	隶属度	0.4		0.65		0.77
质地	指标	沙土	黏土	沙壤	黏壤	壤土
	隶属度	0.29	0.47	0.60	0.73	0.91

（二）单因子权重的计算——层次分析法

根据层次分析法的原理，把 13 个评价因子按照相互之间的隶属关系排成从高到低的 3 个层次（图 2-3），A 层为耕地地力，B 层为相对共性的因子，C 层为各单项因子。根据层次结构图，请专家组就同一层次对上一层次的相对重要性给出数量化的评估，经统计汇总构成判断矩阵，通过矩阵求得各因子的权重（特征向量），计算结果如下。

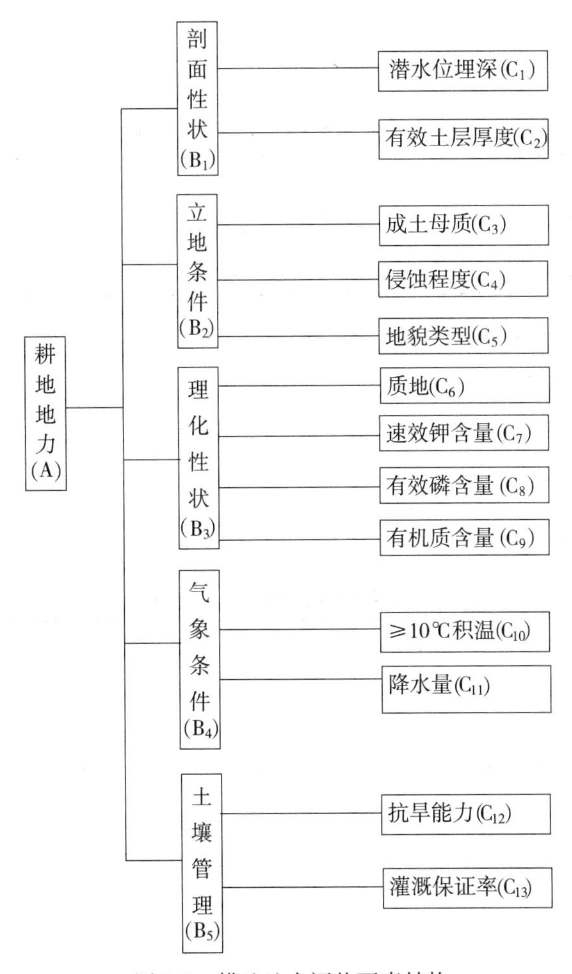

图 2-3　耕地地力评价要素结构

1. B 层判断矩阵的计算（表 2-5）

表 2-5　B 层判断矩阵

项目	B_1	B_2	B_3	B_4	B_5
剖面性状（B_1）	1.000 0	0.500 0	0.333 3	0.333 3	0.250 0
立地条件（B_2）	2.000 0	1.000 0	0.666 7	0.666 7	0.500 0
理化性状（B_3）	3.000 0	1.500 0	1.000 0	1.000 0	0.769 2
气象条件（B_4）	3.000 0	1.500 0	1.000 0	1.000 0	0.769 2
土壤管理（B_5）	4.000 0	2.000 0	1.300 0	1.300 0	1.000 0

特征向量：[0.077 0，0.154 0，0.232 1，0.232 1，0.304 8]

最大特征根为：5.000 1

$CI=1.65738058830467\times10^{-5}$

$RI=1.12$

$CR=CI/RI=0.00001480<0.1$

一致性检验通过！

2. C 层判断矩阵计算（表 2-6 至表 2-10）

表 2-6　C 层判断矩阵（剖面性状）

项目	C_1	C_2
潜水位埋深（C_1）	1.000 0	0.500 0
有效土层厚度（C_2）	2.000 0	1.000 0

特征向量：[0.333 3，0.666 7]

最大特征根为：2.000 0

$CI=0$

$RI=0$

$CR=CI/RI=0.00000000<0.1$

一致性检验通过！

表 2-7　C 层判断矩阵（立地条件）

项目	C_3	C_4	C_5
成土母质（C_3）	1.000 0	0.500 0	0.333 3
侵蚀程度（C_4）	2.000 0	1.000 0	0.769 2
地貌类型（C_5）	3.000 0	1.300 0	1.000 0

特征向量：[0.167 9，0.352 1，0.480 0]

最大特征根为：3.002 2

$CI=1.11512236584255\times10^{-3}$

$RI=0.58$

$CR=CI/RI=0.00192262<0.1$

一致性检验通过！

表 2-8　C 层判断矩阵（理化性状）

项目	C_6	C_7	C_8	C_9
质地（C_6）	1.000 0	0.500 0	0.333 3	0.250 0
速效钾含量（C_7）	2.000 0	1.000 0	0.555 6	0.500 0
有效磷含量（C_8）	3.000 0	1.800 0	1.000 0	0.769 2
有机质含量（C_9）	4.000 0	2.000 0	1.300 0	1.000 0

特征向量：[0.099 5，0.190 3，0.314 6，0.395 5]

最大特征根为：4.003 6

$CI=1.21425803556156\times10^{-3}$

$RI=0.9$

$CR=CI/RI=0.00134918<0.1$

一致性检验通过！

表 2-9　C 层判断矩阵（气象条件）

项目	C_{10}	C_{11}
≥10℃积温（C_{10}）	1.000 0	0.333 3
降水量（C_{11}）	3.000 0	1.000 0

特征向量：[0.250 0，0.750 0]

最大特征根为：1.999 9

$CI=-5.00012500623814\times10^{-5}$

$RI=0$

$CR=CI/RI=0.00000000<0.1$

一致性检验通过！

表 2-10　C 层判断矩阵（土壤管理）

项目	C_{12}	C_{13}
抗旱能力（C_{12}）	1.000 0	0.500 0
灌溉保证率（C_{13}）	2.000 0	1.000 0

特征向量：[0.333 3，0.666 7]

最大特征根为：2.000 0

$CI=0$

$RI=0$

$CR=CI/RI=0.00000000<0.1$

一致性检验通过！

层次总排序一致性检验：

$CI=4.41931844529313\times10^{-4}$

$RI=0.298203075528681$

$CR=CI/RI=0.00148198<0.1$

总排序一致性检验通过！

B_j 为B层中判断矩阵的特征向量，$j=1, 2, 3, 4, 5$；C_i 为C层判断矩阵的特征向量，$i=1, 2, \cdots, 13$。各评价因素的组合权重计算结果见表2-11。

表2-11 评价因素组合权重计算结果

A层	特征向量					
B层	剖面性状	立地条件	理化性状	气象条件	土壤管理	组合权重
	0.077 0	0.154 0	0.232 1	0.232 1	0.304 8	$\sum C_iB_j$
潜水位埋深（C_1）	0.333 3					0.025 7
有效土层厚度（C_2）	0.666 7					0.051 3
成土母质（C_3）		0.167 9				0.025 9
侵蚀程度（C_4）		0.352 1				0.054 2
地貌类型（C_5）		0.480 0				0.073 9
质地（C_6）			0.099 5			0.023 1
速效钾含量（C_7）			0.190 3			0.044 2
有效磷含量（C_8）			0.314 6			0.073 0
有机质含量（C_9）			0.395 5			0.091 8
≥10℃积温（C_{10}）				0.250 0		0.058 0
降水量（C_{11}）				0.750 0		0.174 1
抗旱能力（C_{12}）					0.333 3	0.101 6
灌溉保证率（C_{13}）					0.666 7	0.203 2

（三）计算耕地地力综合指数（IFI）

用加法模型计算耕地地力综合指数，公式为：

$$IFI=\sum F_iC_i(i=1, 2, 3, \cdots, m)$$

式中，IFI 为地力综合指数；F_i 为第 i 个因子评语(隶属度)；C_i 为第 i 个因子的组合权重。

应用耕地资源管理信息系统中的模块计算，得出耕地地力综合指数的最大值为0.784 83，最小值为0.473 82。

（四）确定耕地地力综合指数分级方案

用样点数与耕地地力综合指数制作累积频率曲线图，根据样点分布频率，分别用耕地地力综合指数（<0.567，0.567～<0.634，0.634～<0.670，0.670～<0.732，≥0.732）将牧区耕地及人工草地分为5个等级。

锡林郭勒盟牧区耕地面积12 819.28hm²，其中一级耕地面积5 099.41 hm²，占耕地总面积的39.8%；二级耕面积3 957.03hm²，占耕地总面积的30.9%；三级耕地面积749.15hm²，占耕地总面积的5.8%；四级耕地面积735.09 hm²，占耕地总面积的5.7%；五级耕地面积2 278.61 hm²，占耕地总面积的17.8%。

人工草地面积27 272.63hm²，其中一级人工草地面积1 346.85hm²，占人工草地总面积的4.9%；二级人工草地面积6 050.70hm²，占22.2%；三级人工草地面积

8 730.50hm²，占 32%；四级人工草地面积 7 290.56hm²，占 26.7%；五级人工草地面积 3 854.02hm²，占 14.1%（表 2-12）。

表 2-12　耕地及人工草地地力评价结果

单位：hm²

行政区域	利用方式	一级地	二级地	三级地	四级地	五级地	合计
阿巴嘎旗	人工草地		730.27	305.90	1 313.54		2 349.72
东乌珠穆沁旗	耕地	5 099.41	3 886.53	3.78	114.94		9 104.65
	人工草地	1 346.85	606.83	62.15	28.41		2 044.24
西乌珠穆沁旗	耕地			171.60		15.49	187.09
	人工草地		3 786.41	5 669.34	1 269.48	33.35	10 758.57
苏尼特左旗	耕地			423.09			423.09
	人工草地		2.43	84.51	1 167.82	806.90	2 061.65
苏尼特右旗	耕地				94.15	1 759.97	1 854.12
	人工草地		110.76	126.50	1 873.93	2 215.54	4 326.74
镶黄旗	耕地		70.50	110.94	484.30	503.15	1 168.88
	人工草地		814.00	2 478.00	1 637.38	378.33	5 307.71
二连浩特市	耕地			39.75	41.70		81.45
	人工草地			4.10		419.90	424.00
合计	耕地	5 099.41	3 957.03	749.15	735.09	2 278.61	12 819.28
	人工草地	1 346.85	6 050.70	8 730.50	7 290.56	3 854.02	27 272.63
	耕地与人工草地	6 446.25	10 007.73	9 479.65	8 025.64	6 132.63	40 091.91

（五）归入国家地力等级体系

在上述根据自然要素评价的各地力等级中，选择 10%的评价单元，调查近 3 年的粮食产量水平，按照耕地地力评价单元的经纬度坐标，实地调查评价地块近 3 年的实际产量状况，比较牧区耕地及人工草地地力评价结果与当地实际情况，将调查结果进行统计分析得出相关函数。

以粮食产量水平为引导，归入全国耕地地力等级体系（NY/T 309—1996《全国耕地类型区、耕地地力等级划分》）。将牧区耕地及人工草地归入国家地力等级体系。根据统计结果，本次评价结果的一级地归入国家地力等级体系的五等地，二级地归入六等地，三级地归入七等地；四级地归入八等地，五级地归入九等地（表 2-13、表 2-14）。

表 2-13　牧区耕地归并结果统计

评价结果	一级	二级	三级	四级	五级
全国地力等级	五等	六等	七等	八等	九等
面积（hm²）	5 099.41	3 957.03	749.15	735.09	2 278.61
产量水平（kg/hm²）	7 500～9 000	6 000～<7 500	4 500～<6 000	3 000～<4 500	1 500～<3 000

表 2-14 牧区人工草地归并结果统计

评价结果	一级	二级	三级	四级	五级
全国地力等级	五等	六等	七等	八等	九等
面积（hm^2）	1 346.85	6 050.70	8 730.50	7 290.56	3 854.02
产量水平（kg/hm^2）	7 500～9 000	6 000～<7 500	4 500～<6 000	3 000～<4 500	1 500～<3 000

第四节　耕地资源管理信息系统的建立

耕地资源管理信息系统是以牧区耕地资源为管理对象，应用 RS、GPS 等现代化技术采集信息，应用 GIS 技术构建耕地资源管理信息系统。该系统的基本管理单元由土壤图、土地利用现状图、行政区划图叠加形成，每个管理单元土壤类型一致，土地利用方式以及农牧民的种田习惯也基本一致，对辖区内的地形、地貌、土壤、土地利用、土壤污染、农业生产基本情况等资料进行统一管理，以此为平台结合各类管理模型，对辖区内的耕地资源进行系统的动态管理。

牧区耕地资源管理信息系统以嘎查（村）为基本行政单元，以土壤图、土地利用现状图、行政区划图叠加形成的图斑为评价单元。耕地资源管理信息系统的建立可为牧区农业部门制定农业发展规划、土地利用规划、种植业规划等宏观决策提供决策支持，为基层农业技术推广人员和农牧民提供科学施肥等农事操作服务，以及耕地质量动态变化、土壤适宜性、施肥咨询、作物营养诊断等多方位的信息服务。建立耕地资源管理信息系统的工作流程和结构见图 2-4 和图 2-5。

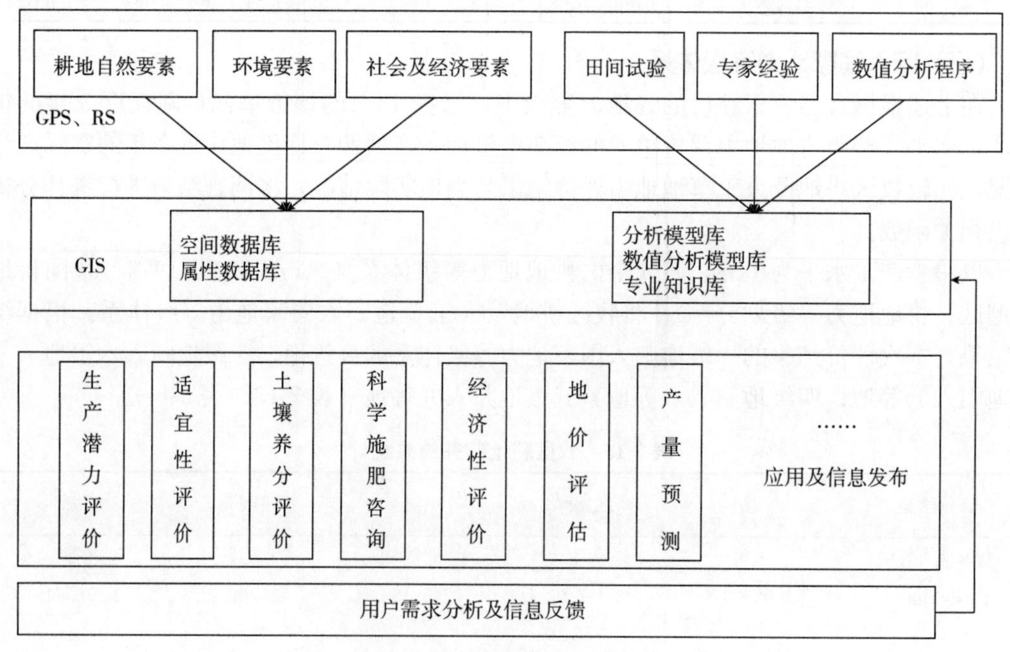

图 2-4　地理信息系统结构

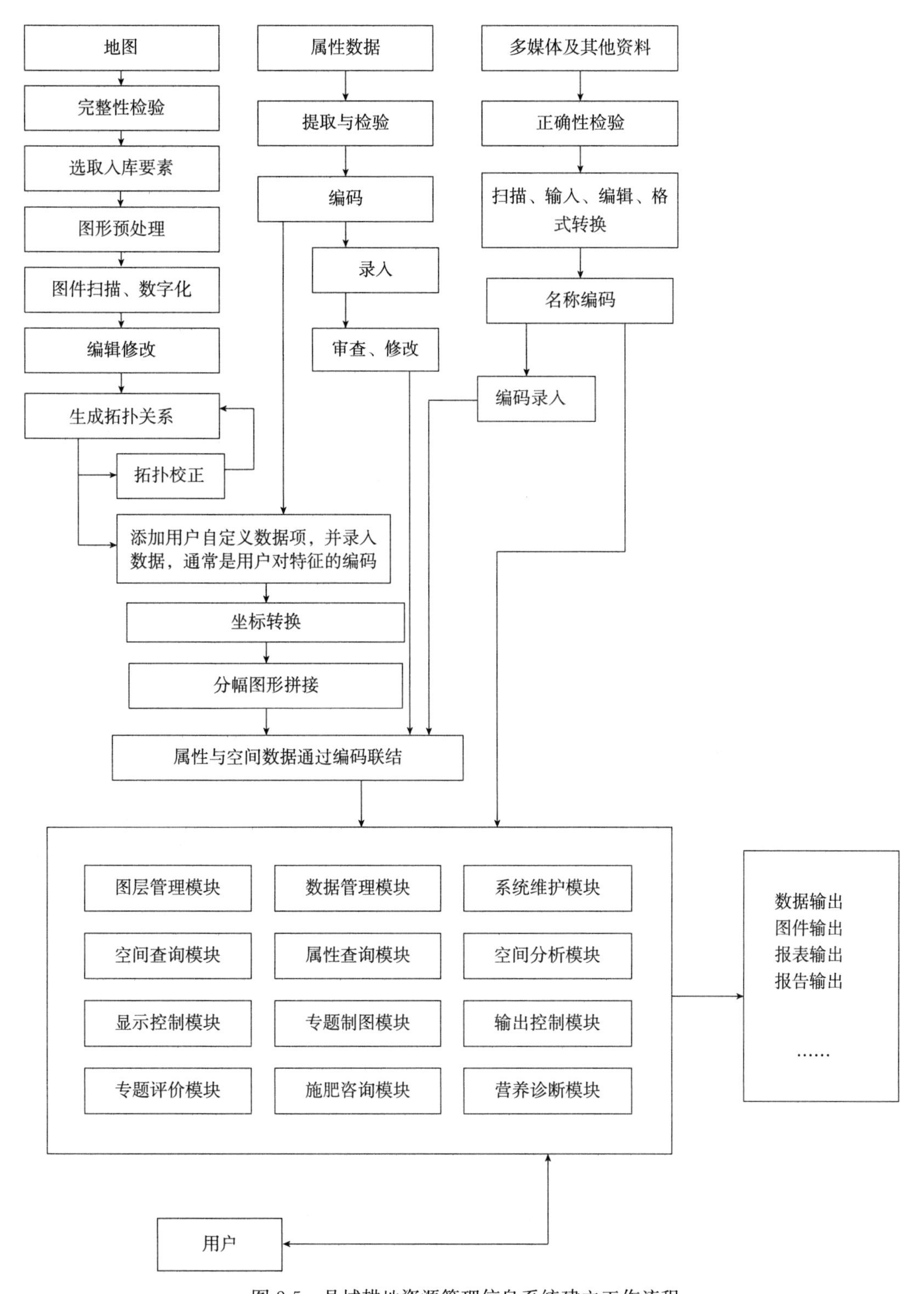

图 2-5　县域耕地资源管理信息系统建立工作流程

一、属性数据库的建立

属性数据库用于存放依附图形的属性数据和统计数据。图形的全部属性数据包括点、线、面数据的特征编码值及相关的属性等信息。每个评价单元除了记录它的地理位置坐标以外，还需存储其他专题信息，如土壤种类、土壤养分和土地利用方式等多种属性。

属性数据的内容包括：

①面状河流、湖泊属性数据。

②渠道、堤坝、线状河流属性数据。

③行政界线属性数据。

④交通道路属性数据。

⑤县、乡、村编码表。

⑥土地利用现状属性数据。

⑦土属属性数据表。

⑧土壤名称编码表。

⑨土壤分析化验结果。

⑩大田采样点基本情况调查数据。

⑪大田采样点农牧户调查数据。

此外，采用 ACCESS、Excel 建立属性数据库。图形数据库与属性数据库中的属性数据通过一个共同的字段“tubm”(或图斑码) 来关联。

二、空间数据库的建立

空间数据是指用来表示空间实体的位置、形状、大小及其分布特征诸多方面信息的数据。包括矢量图层和栅格图层（图 2-6）。

（一）空间数据库资料

（1）牧区 1∶10 万的土壤图。

（2）牧区 1∶10 万的土地利用现状图。

（3）牧区 1∶10 万的行政区划图。

（二）图形数字化

由传统的纸质图形成标准完整的数字化图层，具体步骤如下：

1. 图形预处理 是为简化数字化工作而按设计要求进行的图层要素整理与筛选过程。预处理按照一定的数字化方法确定，也是数字化工作的前期准备工作。为了确保图形数据准确无误地进入数据库系统，同时由于土壤图和土地利用现状图更新时间不同，两图

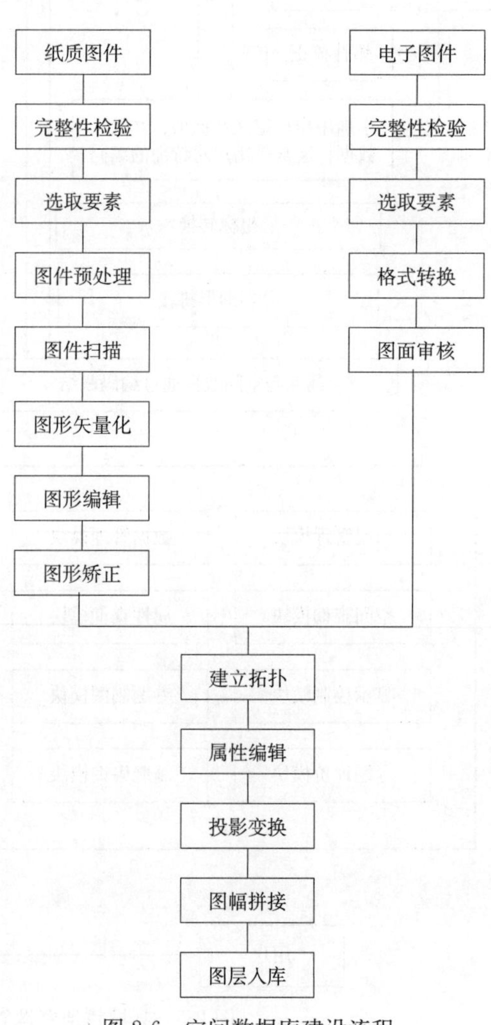

图 2-6 空间数据库建设流程

的边界不一致，因此必须尽量选择较新的图件，确保地图资料的现实性和精确性。

（1）图纸的扫描。本研究运用大型扫描仪进行扫描，扫描时根据图纸的质量、纸的清晰程度、图斑的颜色和研究的要求确定扫描精度，一般为300～500dpi。

（2）图像纠正。扫描时由于手工图纸或纸张变形等因素，扫描后的图像有一定的旋转或存在色差，因此在图件矢量化以前先纠正过来，以免在以后工作过程中产生较大的误差。扫描后的各类图件，进行几何纠正和色彩校正后，形成在内容、几何精度和色彩上尽量与原图保持一致的栅格文件。

（3）坐标转换。在上一步的基础上进行投影转换，得到所需要的坐标系。空间数据库的所有地理数据必须建立在相同的坐标系上，对空间数据进行转化，最后统一采用高斯-克吕格投影，北京54坐标系，并保存入库。地图统一应用大地定位参照系即经纬网来显示它所表达的地理位置信息，投影必须通过测量和转换计算才能得到。

2. 图件矢量化及编辑　各类扫描图的图形库生成、信息提取需要在经校正处理后的基础扫描图件（如土地利用现状图、土壤图等）上进行矢量化。首先建立所需要绘制的图层，在ArcGIS9.3软件的ArcCatalog中建立点、线、面shape图层，设置图层名称、投影、坐标以及属性字段。其次在ArcMap中添加建立好的图层，并开始编辑、矢量扫描图。最后对矢量化好的shape图进行拓扑检查和合并最小图斑。利用ArcGIS拓扑检查功能对矢量化好的图层进行拓扑检查，利用工具箱模块和实际情况对小图斑进行合并。检查内容主要有是否有重复点、线、面；是否有重叠的面或线；连续的多边形（面）中间是否有空隙；一个要素是否是连续的多边形；是否有属性为空的要素。

三、属性数据库和空间数据库的链接

评价单元生成后，对应每个评价单元的各个评价因子都要有相应的数据。属性数据与空间数据的链接实质就是为评价单元获取数据。在ArcGIS9.3的支持下对属性数据和空间数据进行存储管理。

以建立的编码字典为基础，在数据化图件时对点、线、面（多边形）均赋予相应的属性编码，如数字化土地利用现状图时，对每一多边形同时输入土地利用编码，从而建立空间数据库与属性数据库具有链接的共同字段和唯一索引，数字化完成后，在ArcInfo下调入相应的属性库，完成库间的链接，并对属性字段进行相应的整理，使其标准化（图2-7），最终建立完整的具有相应属性要素的数字化地图。

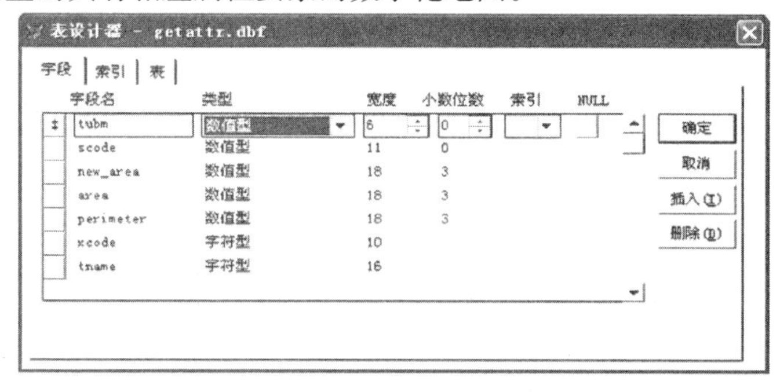

图2-7　属性字段整理

第三章 耕地及人工草地土壤属性

第一节 土壤类型及其分布

锡林郭勒盟牧区地域辽阔，拥有多种土壤类型。根据锡林郭勒盟第二次土壤普查分类系统，锡林郭勒盟牧区（包括东乌珠穆沁旗、西乌珠穆沁旗、苏尼特左旗、苏尼特右旗、二连浩特市、阿巴嘎旗和镶黄旗）耕地土壤类型有栗钙土、黑钙土、灰色草甸土、沼泽土、潮土、灰色森林土、山地草甸土、棕钙土共 8 个土类、19 个亚类、35 个土属（表 3-1）。人工草地土壤类型有栗钙土、棕钙土、黑钙土、灰色草甸土、草甸土、沼泽土、灰色森林土、风沙土、潮土、石质土、粗骨土、盐土共 12 个土类、31 个亚类、77 个土属。

耕地土壤中面积最大的是黑钙土，为 7 854.88hm^2，占耕地土壤面积的 61.27%；其次是栗钙土，面积为3 227.21hm^2，占 25.17%；面积最小的是棕钙土，为 0.9hm^2，占 0.01%（表 3-2）。

表 3-1 牧区耕地土壤类型

土类	亚类	土属
潮土	潮土	潮土
	盐化潮土	壤质盐化潮土
		盐化潮土
黑钙土	草甸黑钙土	壤质草甸黑钙土
		沙质草甸黑钙土
	淡黑钙土	冲洪积淡黑钙土
		黄土状淡黑钙土
		结晶岩淡黑钙土
	黑钙土	黄土状黑钙土
		结晶岩黑钙土
灰色草甸土	石灰性灰色草甸土	壤质石灰性灰色草甸土
	盐化灰色草甸土	氯化物盐化灰色草甸土
		苏打盐化灰色草甸土

（续）

土类	亚类	土属
灰色森林土	暗灰色森林土	结晶岩暗灰色森林土
	灰色森林土	黄土状灰色森林土
栗钙土	暗栗钙土	冲洪积暗栗钙土 结晶岩暗栗钙土 泥质岩暗栗钙土 坡洪积暗栗钙土 沙质暗栗钙土
	草甸栗钙土	壤质草甸栗钙土
	潮栗钙土	氯化物盐化栗钙土
	粗骨栗钙土	粗骨栗钙土
	淡栗钙土	冲洪积淡栗钙土 结晶岩淡栗钙土 泥质岩淡栗钙土
	栗钙土	冲洪积栗钙土 黄土状栗钙土 结晶岩栗钙土 泥质岩栗钙土 砂砾岩栗钙土
山地草甸土	山地草甸土	山地草甸土
沼泽土	草甸沼泽土	草甸沼泽土
	腐泥沼泽土	腐泥沼泽土
棕钙土	棕钙土	结晶岩棕钙土

表 3-2　耕地不同土壤类型面积

土类	黑钙土	栗钙土	灰色草甸土	沼泽土	潮土	灰色森林土	山地草甸土	棕钙土	合计
面积（hm²）	7 854.88	3 227.21	601.45	939.40	11.47	168.14	15.83	0.90	12 819.28
占比（%）	61.27	25.17	4.69	7.33	0.09	1.31	0.12	0.01	100

人工草地土壤中面积最大的是栗钙土，为 14 477.73hm²，占人工草地面积的 53.09%；其次是棕钙土，面积为 4 546.84 hm²，占 16.67%；面积最小的是草甸土，为 6.70hm²，占 0.02%（表 3-3）。

表 3-3　人工草地不同土壤类型面积

土类	栗钙土	棕钙土	黑钙土	灰色草甸土	草甸土	沼泽土	灰色森林土	风沙土	潮土	石质土	粗骨土	盐土	合计
面积（hm²）	14 477.73	4 546.84	2 758.46	3 403.22	6.70	391.31	589.42	502.69	506.38	4.23	78.37	7.28	27 272.63
占比（%）	53.09	16.67	10.11	12.48	0.02	1.43	2.16	1.84	1.86	0.02	0.29	0.03	100.00

一、黑钙土

黑钙土是半湿润草甸草原土壤，是锡林郭勒盟牧区耕地面积最大的土壤类型，集中分布在东乌珠穆沁旗和西乌珠穆沁旗的低山丘陵区，黑钙土分布地区的海拔1 200～1 400m。黑钙土地区较湿润，植被为草甸草原，土壤表层有机质较丰富，土壤肥力较高。牧区耕地黑钙土面积7 854.88hm^2，占牧区耕地面积的 61.27%；牧区人工草地黑钙土面积2 758.46 hm^2，占牧区人工草地面积的 10.11%。黑钙土的成土母质主要为黄土状物和冲洪积物。牧区黑钙土包括典型黑钙土、草甸黑钙土和淡黑钙土 3 个亚类的 8 个土属。

二、栗钙土

栗钙土是温带半干旱草原环境下发育的地带性土壤，是草原地区的主要土壤类型。栗钙土的植被为草原植被，由旱生多年生的草类组成，以丛生禾本科植物为主，其主要建群种为针茅、羊草，其次为冷蒿、隐子草等。由于草本植物地下根系发达且入土较深，土壤有机质在土体的分布也呈现自上而下的递减趋势。

牧区各旗市都有栗钙土的分布，牧区耕地栗钙土面积 3 227.21hm^2，占牧区耕地面积的 25.17%；牧区人工草地栗钙土面积 1 4477.73 hm^2，占牧区人工草地面积的 53.09%。栗钙土的成土过程是腐殖质累积和钙化过程，其成土母质主要为黄土状物、冲洪积物和残坡积物。牧区栗钙土包括暗栗钙土、淡栗钙土、草甸栗钙土、典型栗钙土、潮栗钙土、粗骨栗钙土、盐化栗钙土、碱化栗钙土 8 个亚类的 27 个土属。

三、棕钙土

棕钙土是草原向荒漠化过渡的地带性土壤，主要分布在锡林郭勒盟西部的苏尼特左旗、苏尼特右旗、阿巴嘎旗的西北部及二连浩特市。牧区耕地棕钙土面积 0.9hm^2，占牧区耕地面积的 0.01%；牧区人工草地棕钙土面积 4 546.84hm^2，占牧区人工草地面积的 16.67%。棕钙土的植被是荒漠化草原类型，建群种和优势种有小针茅、戈壁针茅、冷蒿、多根葱、无芒隐子草、沙生冰草、红砂、中亚薹草等。成土母质为残坡积物、砂砾岩、泥质岩和冲洪积物等。成土过程和栗钙土一样，都是在腐殖质化和钙积化综合作用下形成的，但在程度上棕钙土的腐殖质化过程减弱而钙积化过程大大加强。土壤质地粗，以沙土和沙壤土为主并夹有砾石，全剖面呈微碱性或碱性反应，pH 7.5～8.5。绝大部分草场为不良草场，主要由土壤干旱、水源缺乏、沙性大所致。牧区棕钙土包括淡棕钙土、草甸棕钙土、棕钙土、盐化棕钙土 4 个亚类的 12 个土属。

四、灰色草甸土

灰色草甸土是在草甸植被下发育的半水成土壤。与草甸土的区别在于腐殖质层薄、有机质含量低。灰色草甸土分布在沿河阶地、河漫滩、丘间低洼地、沙丘间平地上及湖盆外缘，所处地形低洼，但表面不积水。牧区耕地灰色草甸土面积 601.45hm^2，占牧区耕地面积的 4.69%；牧区人工草地灰色草甸土面积 3 403.22hm^2，占牧区人工草地面积的 12.48%。牧区灰色草甸土主要分布在西乌珠穆沁旗、东乌珠穆沁旗、苏尼特左旗和苏尼

特右旗。母质为冲洪积物，植被为草甸植被。成土过程有两个：一个是腐殖化过程，另一个是草甸化过程。在地下水周期性影响下，土壤中不断进行氧化还原反应，形成氧化铁的锈色斑纹层潴育层。牧区灰色草甸土包括石灰性灰色草甸土和盐化灰色草甸土 2 个亚类的 5 个土属。

五、沼泽土

沼泽土是发育在河湖相沉积物母质上的水成土壤，属非地带性土壤。主要分布在河泛地，湖淖周围的丘间、台间的低洼地带。沼泽土的成土过程主要为泥炭化和潜育化两个成土过程。剖面构型表层为腐殖质层或草根层、泥炭层，其下为潜育层。牧区耕地沼泽土面积 939.40hm^2，占牧区耕地面积的 7.33%；牧区人工草地沼泽土面积 391.31hm^2，占牧区人工草地面积的 1.43%。主要分布在东乌珠穆沁旗和西乌珠穆沁旗。牧区沼泽土包括草甸沼泽土、腐泥沼泽土和泥炭沼泽土 3 个亚类的 5 个土属。

六、灰色森林土

灰色森林土是发育在森林草原地带的森林植被下的山地森林土壤。分布在东乌珠穆沁旗东北部和西乌珠穆沁旗的东部海拔1 200m以上的中低山地。灰色森林土的成土母质为花岗岩、流纹岩、安山岩、玄武岩、凝灰岩等岩石残坡积物，但大部分被黄土状物覆盖。灰色森林土土层深厚，自然肥力高，保水保肥力强。牧区耕地灰色森林土面积 168.14hm^2，占牧区耕地面积的 1.31%；牧区人工草地灰色森林土面积 589.42hm^2，占牧区人工草地面积的 2.16%。牧区灰色森林土包括暗灰色森林土和灰色森林土 2 个亚类的 4 个土属。

七、草甸土

草甸土是在草甸植被下发育而成的半水成土壤，属非地带性土壤。牧区人工草地草甸土面积 6.70hm^2，占牧区人工草地面积的 0.02%。牧区的草甸土主要分布在东乌珠穆沁旗。

草甸土所处地形主要为河流两岸阶地、河漫滩、丘间谷地。母质多为冲洪积物。自然植被以草甸植物为主，如马莲、委陵菜、风毛菊、羊草等。草甸土成土过程除有强烈的腐殖化过程外，还有草甸化过程。由于土壤湿润，水分条件好，植物生长繁茂，为腐殖质的积累奠定了基础。由于土层干湿交替，从而引起氧化还原过程交替进行，使铁锰化合物发生移动并在局部淀积，形成铁的锈色斑纹层，这也是草甸土区别于其他土壤的典型特征。

第二节 有机质及大量元素养分现状

统计分析了 2009—2015 年耕地及人工草地土壤（0～20cm ）的有机质、全氮、有效磷、速效钾等养分含量。养分分级标准应用了测土配方施肥项目阴山北麓区养分分级标准（表 3-4）。

表 3-4　有机质及大量元素养分分级标准

	极低	低	中	高	极高
有机质（g/kg）	<9.3	9.3～<17.4	17.4～<36.9	36.9～<46.4	≥46.4
全氮（g/kg）	<0.77	0.77～<1.12	1.12～<1.97	1.97～<2.38	≥2.38
有效磷（mg/kg）	<5.2	5.2～<9.1	9.1～<21.2	21.2～<28.1	≥28.1
速效钾（mg/kg）	<73	73～<106	106～<187	187～<225	≥225

一、有机质

土壤有机质是土壤的重要组成部分，直接影响土壤的各种理化性状。它能调节土壤营养状况，影响土壤水、肥、气、热的性状，参与植物的生理过程及生物化学过程。土壤有机质是土壤中碳、氮、磷、硫等元素的重要来源，是土壤微生物活动所需能量的重要来源，能提高土壤的保肥、保水能力和缓冲性。土壤有机质含量是衡量土壤肥力和生产能力的重要指标。

锡林郭勒盟牧区耕地土壤有机质含量为 7.1～85.3g/kg，平均 23.1g/kg，属中等偏低水平。人工草地土壤有机质含量为 5.5～55.7g/kg，平均 21.8g/kg，属中等偏低水平。耕地有机质含量高于人工草地。

牧区土壤有机质含量≥46.4g/kg 的极高水平面积 11 464.99hm^2，占牧区耕地和人工草地面积的 28.6%，主要分布在东乌珠穆沁旗和西乌珠穆沁旗，分别占该等级面积的 93.4%和 6.6%；有机质含量 36.9～<46.4g/kg 的高水平面积 840.87hm^2，占 2.1%，主要分布在东乌珠穆沁旗和西乌珠穆沁旗，分别占该等级面积的 7.5%和 92.5%；有机质含量 17.4～<36.9g/kg 的中等水平面积13 354.73hm^2，占 33.3%，主要分布在西乌珠穆沁旗和镶黄旗，分别占该等级面积的 48.0%和 32.9%，阿巴嘎旗、苏尼特右旗、苏尼特左旗也有少量分布；有机质含量 9.3～<17.4g/kg 的低水平面积 13 311.29hm^2，占 33.2%，主要分布在苏尼特右旗和西乌珠穆沁旗，分别占该等级面积的 44.5%和 23.5%，阿巴嘎旗、苏尼特左旗和镶黄旗也有少量分布；有机质含量<9.3g/kg 的极低水平面积 1 119.96hm^2，占 2.8%，主要分布在苏尼特右旗和苏尼特左旗，分别占 28.1%和 72.9%（表 3-5）。

表 3-5　牧区土壤有机质含量分布

	极低	低	中	高	极高
含量（g/kg）	<9.3	9.3～<17.4	17.4～<36.9	36.9～<46.4	≥46.4
面积（hm^2）	1 119.96	13 311.29	13 354.73	840.87	11 464.99
占比（%）	2.8	33.2	33.3	2.1	28.6

注：分级标准应用阴山北麓区养分分级标准。

（一）各旗市土壤有机质含量状况

牧区耕地土壤有机质含量最高的是东乌珠穆沁旗，平均值 48.5g/kg；其次是西乌珠穆沁旗，平均值 22.3g/kg；最低的是二连浩特市，平均值 11.6g/kg。人工草地土壤有机

质含量最高的是东乌珠穆沁旗，平均值 46.7g/kg；其次是西乌珠穆沁旗，平均值 27.5 g/kg；最低的是苏尼特左旗，平均值 11.5 g/kg（表 3-6）。

表 3-6　各旗市耕地及人工草地有机质含量

旗市	耕地		人工草地	
	范围（g/kg）	平均值（g/kg）	范围（g/kg）	平均值（g/kg）
阿巴嘎旗	—	—	11～30.5	20.0
东乌珠穆沁旗	20.7～85.3	48.5	11～55.7	46.7
二连浩特市	7.9～15.5	11.6	9.3～20.7	13.1
苏尼特右旗	7.1～23.3	13.4	6.2～29	14.1
苏尼特左旗	12.9～17.3	15.4	5.5～20.7	11.5
西乌珠穆沁旗	12.5～52.9	22.3	10.7～53.7	27.5
镶黄旗	11.3～32.4	21.5	11.5～31.3	19.7

（二）不同土壤类型有机质含量状况

土壤有机质含量与自然成土因素有密切关系，不同土壤类型有机质含量差别较大。耕地土壤中山地草甸土有机质含量最高，平均值 70.6g/kg；其次是沼泽土，平均值 50.8g/kg；棕钙土有机质含量最低，平均值 11.4g/kg。人工草地草甸土有机质含量最高，平均值 48.0g/kg；其次是沼泽土，平均值 45.9g/kg；棕钙土有机质含量最低，平均值 11.7g/kg（表 3-7）。

表 3-7　不同土壤类型有机质含量

土类	耕地		人工草地	
	范围（g/kg）	平均值（g/kg）	范围（g/kg）	平均值（g/kg）
草甸土	20.7～52.1	47.7	20.7～55.7	48.0
潮土	6.2～29.6	14.1	6.2～29.6	14.9
粗骨土	—	—	17.3～35.5	30.2
风沙土	—	—	7.1～31.8	17.5
黑钙土	20.7～83.9	45.6	15.7～55.7	45.0
灰色草甸土	9.4～46.4	24.4	9.4～46.4	24.6
灰色森林土	20.7～85.3	48.8	15.7～52.3	42.2
栗钙土	7.1～49.7	17.7	9.3～50.9	22.7
山地草甸土	58.1～83.1	70.6	—	—
石质土	—	—	16.7～23.8	19.7
盐土	—	—	20.7～29.4	26.3
沼泽土	22.1～66.0	50.8	15.7～54.1	45.9
棕钙土	10.8～12.9	11.4	5.5～20.7	11.7

（三）不同成土母质土壤有机质含量状况

母质是土壤形成的物质基础，土壤中的矿质养分大部分是从母质中继承下来的，土壤性质与母质密切相关，同时母质也是划分土属的重要依据。

河湖相沉积物母质土壤有机质含量最高，平均值38.4g/kg；其次是黄土状物母质土壤，平均值31.6g/kg；砂砾岩母质土壤有机质含量最低，平均值16.7g/kg（表3-8）。

表3-8　不同成土母质土壤有机质含量

母质类型	范围（g/kg）	平均值（g/kg）
残坡积物	10.8～76.0	21.3
冲洪积物	13.2～69.0	23.6
风积物	18.6～23.6	17.2
河湖相沉积物	10.8～66.0	38.4
黄土状物	16.0～70.7	31.6
泥质岩	13.0～33.8	17.9
砂砾岩	7.0～35.3	16.7

二、全氮

土壤中的全氮含量代表氮素的总储量和供氮能力，因此全氮含量与有机质一样是土壤肥力的重要指标之一。氮素在土壤中主要以有机态存在，土壤全氮量的多少主要取决于有机质的含量。

锡林郭勒盟牧区耕地土壤全氮含量为0.460～4.089g/kg，平均1.369g/kg，属中等偏低水平。人工草地土壤有机质含量为0.358～2.873g/kg，平均1.208g/kg，属中等偏低水平。耕地全氮含量高于人工草地。

牧区土壤全氮含量≥2.38g/kg的极高水平面积11 263.64hm^2，占牧区耕地和人工草地面积的28.1%，主要分布在东乌珠穆沁旗和西乌珠穆沁旗，分别占该等级面积95.3%和4.7%；全氮含量1.97～<2.38g/kg的高水平面积1 300.83hm^2，占3.2%，主要分布在西乌珠穆沁旗，占该等级面积的95.9%，东乌珠穆沁旗和镶黄旗也有少量分布；全氮含量1.12～<1.97g/kg的中等水平面积11 629.68hm^2，占29.0%，主要分布在西乌珠穆沁旗和镶黄旗，分别占该等级面积的51.0%和24.9%；阿巴嘎旗、苏尼特右旗、苏尼特左旗也有少量分布；全氮含量0.77～<1.12g/kg的低水平面积11 460.37hm^2，占28.6%，主要分布在苏尼特右旗、西乌珠穆沁旗、镶黄旗和阿巴嘎旗，分别占该等级面积的27.6%、29.1%、27.7%和11.8%，苏尼特左旗和东乌珠穆沁旗也有零星分布；全氮含量<0.77g/kg的极低水平面积4 437.32hm^2，占11.1%，主要分布在苏尼特右旗和苏尼特左旗，分别占该等级面积的38.8%和54.8%，镶黄旗也有少量分布（表3-9）。

表3-9　牧区土壤全氮含量分布

	极低	低	中	高	极高
含量（g/kg）	<0.77	0.77～<1.12	1.12～<1.97	1.97～<2.38	≥2.38

（续）

	极低	低	中	高	极高
面积（hm^2）	4 437.32	11 460.37	11 629.68	1 300.83	11 263.64
占比（%）	11.1	28.6	29.0	3.2	28.1

注：分级标准应用阴山北麓区养分分级标准。

（一）各旗市土壤全氮含量状况

耕地土壤全氮含量最高的是东乌珠穆沁旗，平均值 2.618g/kg；其次是西乌珠穆沁旗，平均值 1.563g/kg；最低的是二连浩特市，平均值 0.676g/kg。人工草地土壤全氮含量最高的是东乌珠穆沁旗，平均值 2.495g/kg；其次是西乌珠穆沁旗，平均值 1.520g/kg；最低的是苏尼特左旗，平均值 0.654g/kg（表 3-10）。

表 3-10 各旗市耕地及人工草地全氮含量

旗市	耕地		人工草地	
	范围（g/kg）	平均值（g/kg）	范围（g/kg）	平均值（g/kg）
阿巴嘎旗	—	—	0.737～1.701	1.093
东乌珠穆沁旗	1.169～4.089	2.618	0.605～2.873	2.495
二连浩特市	0.460～0.920	0.676	0.497～1.169	0.721
苏尼特右旗	0.545～1.370	0.967	0.430～1.682	0.857
苏尼特左旗	1.133～1.163	1.163	0.358～1.169	0.654
西乌珠穆沁旗	0.711～2.640	1.563	0.512～2.564	1.520
镶黄旗	0.687～2.006	1.228	0.393～1.836	1.113

（二）不同土壤类型全氮含量状况

不同土壤类型全氮含量差别较大。耕地土壤中山地草甸土全氮含量最高，平均值 4.070g/kg；其次是黑钙土，平均值 2.649g/kg；棕钙土全氮含量最低，平均值 0.590g/kg。人工草地草甸土全氮含量最高，平均值 2.510g/kg；其次是沼泽土，平均值 2.488g/kg；棕钙土全氮含量最低，平均值 0.706g/kg（表 3-11）。

表 3-11 不同土壤类型全氮含量

土类	耕地		人工草地	
	范围（g/kg）	平均值（g/kg）	范围（g/kg）	平均值（g/kg）
草甸土	0.545～3.109	2.285	1.169～2.745	2.510
潮土	0.43～1.771	0.831	0.43～1.771	0.884
粗骨土	—	—	0.943～2.080	1.761
风沙土	—	—	0.55～1.799	0.956
黑钙土	1.640～3.455	2.649	0.86～2.873	2.401
灰色草甸土	0.550～2.328	1.364	0.55～2.328	1.370
灰色森林土	1.085～3.213	2.411	0.86～2.655	2.279
栗钙土	0.730～3.205	1.072	0.393～2.645	1.267

（续）

土类	耕地		人工草地	
	范围（g/kg）	平均值（g/kg）	范围（g/kg）	平均值（g/kg）
山地草甸土	4.066～4.074	4.070		
石质土	—	—	1.015～1.320	1.135
盐土	—	—	1.169～1.701	1.480
沼泽土	1.173～3.213	2.505	0.860～2.702	2.488
棕钙土	0.545～0.702	0.590	0.358～1.169	0.706

（三）不同成土母质全氮含量状况

河湖相沉积物母质土壤全氮含量最高，平均值2.235g/kg；其次是黄土状物母质土壤，平均值1.818g/kg；风积物母质土壤全氮含量最低，平均值0.939g/kg（表3-12）。

表3-12　不同成土母质土壤全氮含量

母质类型	范围（g/kg）	平均值（g/kg）
残坡积物	0.545～3.455	1.208
风积物	1.075～1.450	0.939
河湖相沉积物	0.545～3.213	2.235
冲洪积物	0.855～3.269	1.297
黄土状物	0.926～3.364	1.818
泥质岩	0.730～2.344	1.149
砂砾岩	0.393～1.838	0.993

三、有效磷

土壤有效磷是指土壤中水溶性和弱酸溶性磷，是作物能够直接吸收利用的磷。土壤有效磷的含量是衡量土壤磷素供应能力的一项重要指标。

锡林郭勒盟牧区耕地土壤有效磷含量为2.3～53.8mg/kg，平均10.9mg/kg，属中等偏低水平。人工草地土壤有效磷含量为1.2～37.9mg/kg，平均8.5mg/kg，属低水平。耕地有效磷含量高于人工草地。

牧区土壤有效磷含量≥28.1mg/kg的极高水平面积71.4hm^2，占牧区耕地和人工草地面积的0.2%，主要分布在东乌珠穆沁旗，占该等级面积的99.6%；有效磷含量21.2～<28.1mg/kg的高水平面积792.62hm^2，占2.0%，主要分布在西乌珠穆沁旗，占该等级面积的95.9%，东乌珠穆沁旗和镶黄旗也有少量分布；有效磷含量9.1～<21.2mg/kg的中等水平面积10 170.11hm^2，占25.4%，各旗市均有分布；有效磷含量5.2～<9.1mg/kg的低水平面积19 086.19hm^2，占47.6%，主要分布在苏尼特右旗、苏尼特左旗和镶黄旗；有效磷含量<5.2mg/kg的极低水平面积9 971.51hm^2，占24.9%，主要分布在西乌珠穆沁旗和镶黄旗（表3-13）。

表 3-13　牧区土壤有效磷含量分布

	极低	低	中	高	极高
含量（mg/kg）	<5.2	5.2～<9.1	9.1～<21.2	21.2～<28.1	≥28.1
面积（hm^2）	9 971.51	19 086.19	10 170.11	792.62	71.4
占比（%）	24.9	47.6	25.4	2.0	0.2

注：分级标准应用阴山北麓区养分分级标准。

（一）各旗市土壤有效磷含量状况

耕地土壤有效磷含量最高的是东乌珠穆沁旗，平均值 16.6mg/kg；其次是二连浩特市，平均值 12.4 mg/kg；最低的是镶黄旗，平均值 7.0mg/kg。人工草地土壤有效磷含量最高的是阿巴嘎旗，平均值 11.3mg/kg；其次是苏尼特左旗，平均值 9.3mg/kg；最低的是镶黄旗，平均值 6.7mg/kg（表 3-14）。

表 3-14　各旗市耕地及人工草地有效磷含量

旗市	耕地		人工草地	
	范围（mg/kg）	平均值（mg/kg）	范围（mg/kg）	平均值（mg/kg）
阿巴嘎旗	—	—	2.9～29.0	11.3
东乌珠穆沁旗	5.1～53.8	16.6	5.1～23.6	7.6
二连浩特市	2.3～26.4	12.4	8.8～9.8	9.2
苏尼特右旗	6.6～13.9	9.8	2.5～17.7	8.2
苏尼特左旗	5.2～10.2	8.6	2.7～37.9	9.3
西乌珠穆沁旗	10.7～11.1	11.0	1.7～20.0	6.9
镶黄旗	3.5～10.9	7.0	1.2～18.4	6.7

（二）不同土壤类型有效磷含量状况

不同土壤类型有效磷含量差别较大。耕地土壤以草甸土有效磷含量最高，平均值 17.8mg/kg；其次是黑钙土，平均值 16.8mg/kg；棕钙土有效磷含量最低，平均值 4.5mg/kg。人工草地以盐土有效磷含量最高，平均值 19.1mg/kg；其次是潮土，平均值 10.3mg/kg；风沙土有效磷含量最低，平均值 6.2mg/kg（表 3-15）。

表 3-15　不同土壤类型有效磷含量

土类	耕地		人工草地	
	范围（mg/kg）	平均值（mg/kg）	范围（mg/kg）	平均值（mg/kg）
草甸土	4.1～35.7	17.8	6.2～9.7	7.0
潮土	2.5～19.9	8.9	2.7～19.8	10.3
粗骨土	—	—	3.1～9.7	8.5
风沙土	—	—	2.7～12.5	6.2
黑钙土	7.2～53.8	16.8	2.6～9.7	7.2
灰色草甸土	6.5～9.8	7.5	1.6～16.9	6.7

（续）

土类	耕地		人工草地	
	范围（mg/kg）	平均值（mg/kg）	范围（mg/kg）	平均值（mg/kg）
灰色森林土	5.1～31.3	16.6	2.6～9.7	7.0
栗钙土	3.5～18.2	9.2	1.2～37.9	7.4
山地草甸土	9.8～10.0	9.9	—	—
石质土	—	—	3.5～9.7	6.6
盐土	—	—	9.7～23.8	19.1
沼泽土	5.1～20.6	12.6	2.6～9.7	7.3
棕钙土	4.3～5.2	4.5	2.5～25.5	8.4

（三）不同成土母质有效磷含量状况

黄土状物母质土壤有效磷含量最高，平均值 17.2mg/kg；其次是洪冲积物母质土壤，平均值 15.6mg/kg；风积物母质土壤有效磷含量最低，平均值 6.6mg/kg（表 3-16）。

表 3-16　不同成土母质土壤有效磷含量

母质类型	范围（mg/kg）	平均值（mg/kg）
残坡积物	4.3～37.7	14.0
风积物	4.0～11.1	6.6
河湖相沉积物	4.1～20.6	11.8
洪冲积物	3.5～35.7	15.6
黄土状物	5.1～53.8	17.2
砂砾岩	1.6～29.0	8.9
泥质岩	5.3～14.2	8.5

四、速效钾

土壤速效钾是指土壤中交换性钾和水溶性钾，一般占全钾的 1%～2%。交换性钾是土壤胶体上吸附的钾，它是速效钾的主体，水溶性钾存在于土壤溶液中。速效钾可被植物直接吸收利用，因此速效钾含量高低可以衡量土壤有效钾的供应水平。

锡林郭勒盟牧区耕地土壤速效钾含量为 70～306mg/kg，平均 172mg/kg，属中等水平。人工草地土壤速效钾含量为 62～331mg/kg，平均 162mg/kg，属中等水平。耕地土壤速效钾含量高于人工草地。

牧区土壤速效钾含量≥225mg/kg 的极高水平面积为 5 770.24hm^2，占牧区耕地和人工草地面积的 14.39%，主要分布在东乌珠穆沁旗和镶黄旗，分别占该等级面积的 57.1%和 20.8%，阿巴嘎旗、苏尼特右旗和西乌珠穆沁旗也有分布；速效钾含量 187～<225mg/kg的高水平面积 12 551.77hm^2，占 31.31%，主要分布在东乌珠穆沁旗，占该等级面积的 61.1%，阿巴嘎旗、苏尼特右旗、镶黄旗也有分布；速效钾含量 106～<187mg/kg 的中等水平面积 15 241.16hm^2，占 38.02%，主要分布在西乌珠穆沁旗、镶黄

旗、苏尼特右旗和苏尼特左旗，分别占该面积的36.6%、27.1%、23.8%和10.6%；速效钾含量73～＜106mg/kg的低水平面积6 504.77hm^2，占16.22%，主要分布在西乌珠穆沁旗；速效钾含量＜73mg/kg的极低水平面积23.9hm^2，占0.06%（表3-17）。

表3-17 牧区土壤速效钾含量分布

	极低	低	中	高	极高
含量（mg/kg）	＜73	73～＜106	106～＜187	187～＜225	≥225
面积（hm^2）	23.9	6 504.77	15 241.16	12 551.77	5 770.24
占比（%）	0.06	16.22	38.02	31.31	14.39

注：分级标准应用阴山北麓区养分分级标准。

（一）各旗市土壤速效钾含量状况

耕地土壤速效钾含量最高的是东乌珠穆沁旗，平均值215mg/kg；其次是苏尼特左旗，平均值173mg/kg；最低的是西乌珠穆沁旗，平均值128mg/kg。人工草地土壤速效钾含量最高的是东乌珠穆沁旗，平均值212mg/kg；其次是阿巴嘎旗，平均值198mg/kg；最低的是二连浩特市，平均值120mg/kg（表3-18）。

表3-18 各旗市耕地及人工草地速效钾含量

旗市	耕地		人工草地	
	范围（mg/kg）	平均值（mg/kg）	范围（mg/kg）	平均值（mg/kg）
阿巴嘎旗	—	—	121～304	198
东乌珠穆沁旗	159～306	215	151～331	212
二连浩特市	70～240	136	100～159	120
苏尼特右旗	71～272	158	86～288	153
苏尼特左旗	159～175	173	78～217	143
西乌珠穆沁旗	70～197	128	62～315	123
镶黄旗	110～291	169	93～377	187

（二）不同土壤类型速效钾含量状况

不同土壤类型速效钾含量不同。耕地土壤以山地草甸土速效钾含量最高，平均值238mg/kg；其次是灰色森林土，平均值199mg/kg；棕钙土速效钾含量最低，平均值141mg/kg。人工草地以草甸土速效钾含量最高，平均值212mg/kg；其次为沼泽土，平均值197mg/kg；灰色草甸土速效钾含量最低，平均值126mg/kg（表3-19）。

表3-19 不同土壤类型速效钾含量

土类	耕地		人工草地	
	范围（mg/kg）	平均值（mg/kg）	范围（mg/kg）	平均值（mg/kg）
草甸土	—	—	159～240	212
潮土	91～332	187	91～332	186
粗骨土	—	—	76～159	135
风沙土	—	—	74～187	154

（续）

土类	耕地		人工草地	
	范围（mg/kg）	平均值（mg/kg）	范围（mg/kg）	平均值（mg/kg）
黑钙土	88～296	153	84～235	195
灰色草甸土	159～216	179	62～315	126
灰色森林土	81～282	199	81～226	180
栗钙土	92～241	170	72～377	176
山地草甸土	200～276	238	—	—
石质土	—	—	124～272	181
盐土	—	—	159～216	192
沼泽土	92～221	153	76～225	197
棕钙土	78～228	141	78～228	141

（三）不同成土母质速效钾含量状况

河湖相沉积物母质土壤速效钾含量最高，平均值 188mg/kg；其次是冲洪积物母质土壤，平均值 179mg/kg；泥质岩母质土壤速效钾含量最低，平均值 155mg/kg（表 3-20）。

表 3-20　不同成土母质速效钾含量

成土母质	范围（mg/kg）	平均值（mg/kg）
残坡积物	76～304	169
冲洪积物	62～377	179
风积物	74～272	167
河湖相沉积物	76～306	188
黄土状物	81～292	163
泥质岩	86～331	155
砂砾岩	71～312	174

第三节　中微量元素养分现状

有效态的中微量元素对植物生长发挥着不可替代的作用，它们在植物体中参与酶、维生素和激素的形成，在植物细胞内促进能量传递，直接参与有机体的物质代谢过程。中微量元素供应不足时作物生长受到抑制，产量减少、品质下降。为了提高作物产量，除重视土壤中大量元素的供给外，还必须重视土壤中中微量元素的状况。

一、微量元素现状及分级标准

调查统计分析了微量元素状况。微量元素的分级标准和临界指标采用内蒙古第二次土壤普查时的分级标准和临界指标值（表 3-21）。

表 3-21 土壤微量元素含量分级标准

单位：mg/kg

养分	极低	低	中	高	极高	临界值
有效铁	<2.5	2.5～<4.5	4.5～<10.0	10.0～<20.0	≥20.0	2.5
有效锰	<1.0	1.0～<5.0	5.0～<15.0	15.0～<30.0	≥30.0	7
有效铜	<0.1	0.1～<0.2	0.2～<1.0	1.0～<1.8	≥1.8	0.2
有效锌	<0.3	0.3～<0.5	0.5～<1.0	1.0～<3.0	≥3.0	0.5
有效硼	<0.2	0.2～<0.5	0.5～<1.0	1.0～<1.5	≥1.5	0.5
有效钼	<0.10	0.10～<0.15	0.15～<0.20	0.20～<0.30	≥0.30	0.15

（一）有效铁

铁是某些酶和蛋白质的组成成分，影响叶绿素的形成，参与呼吸过程中的氧化还原作用。缺铁会引起植物失绿，典型症状是新叶失绿黄化。把铁归为微量元素是因为它在植物组织中的浓度低，但其在土壤中的浓度是很高的。

锡林郭勒盟牧区土壤有效铁含量为 1.6～157.7mg/kg，平均 13.7 mg/kg，远高于临界值（2.5 mg/kg），牧区土壤有效铁含量处于较高水平，尤其是东乌珠穆沁旗，平均值达到 26.7mg/kg，可见锡林郭勒盟牧区不需要施用铁肥。

1. 各旗市土壤有效铁含量状况 牧区各旗市土壤都不缺铁，但不同旗市土壤有效铁含量差异较大，其中东乌珠穆沁旗土壤有效铁含量最高，平均值 26.7mg/kg；其次是西乌珠穆沁旗，平均值 19.8mg/kg；二连浩特市最低，平均值 4.9mg/kg（表 3-22）。

表 3-22 各旗市土壤有效铁含量

旗市	范围（mg/kg）	平均值（mg/kg）	水平
阿巴嘎旗	5.4～14.5	7.4	中
东乌珠穆沁旗	3.5～157.7	26.7	极高
二连浩特市	3.0～6.9	4.9	中
苏尼特右旗	1.6～9.0	5.1	中
苏尼特左旗	2.9～18.1	6.6	中
西乌珠穆沁旗	5.1～103.0	19.8	高
镶黄旗	3.4～25.7	7.8	中

2. 不同土壤类型有效铁含量状况 不同土壤类型有效铁含量差别较大。灰色森林土有效铁含量最高，平均值 42.6 mg/kg；棕钙土最低，平均值 5.2mg/kg（表 3-23）。

表 3-23 不同土壤类型有效铁含量

土类	范围（mg/kg）	平均值（mg/kg）
灰色森林土	7.7～144.2	42.6
草甸土	2.5～88.5	13.0
风沙土	5.1～137.1	15.1

（续）

土类	范围（mg/kg）	平均值（mg/kg）
黑钙土	8.2～151.7	29.7
栗钙土	2.9～25.7	9.6
沼泽土	7.7～103	22.0
棕钙土	1.6～18.1	5.2
灰褐土	4.5～48.3	11.7
盐土	5.1～7.2	6.1
山地草甸土	5.4～17.7	11.6

（二）有效锰

锰是许多酶的组成成分和活化剂，影响叶绿素的形成，参与呼吸过程中的氧化还原作用，促进光合作用和硝酸还原作用，并能促进胡萝卜素、维生素、核黄素的形成。

锡林郭勒盟牧区土壤有效锰含量为 1.15～36.79mg/kg，平均 11.08mg/kg，高于临界值（7mg/kg），60.9％的耕地有效锰含量处于中等水平，37.7％的耕地有效锰含量处于高水平，说明锡林郭勒盟牧区土壤有效锰总体处于中等偏高水平，土壤中基本不缺锰（表 3-24）。

表 3-24　牧区土壤有效锰含量分布

	极低	低	中	高	极高
含量（mg/kg）	＜1.0	1.0～＜5.0	5.0～＜15.0	15.0～＜30.0	≥30.0
面积（hm^2）	0	369.2	24 417.4	15 097.2	208.0
占比（％）	0	0.9	60.9	37.7	0.5

1. 各旗市土壤有效锰含量状况　牧区各旗市土壤有效锰含量差别不大，其中西乌珠穆沁旗有效锰含量最高，平均值 16.17mg/kg；其次为东乌珠穆沁旗，平均值 15.26mg/kg；苏尼特右旗最低，平均值 8.42 mg/kg（表 3-25）。

表 3-25　各旗市土壤有效锰含量

旗市	范围（mg/kg）	平均值（mg/kg）	水平
阿巴嘎旗	5.80～16.60	9.14	中
东乌珠穆沁旗	1.15～36.79	15.26	高
二连浩特市	4.10～30.10	9.78	中
苏尼特右旗	1.50～18.70	8.42	中
苏尼特左旗	3.70～21.60	9.57	中
西乌珠穆沁旗	1.40～33.60	16.17	高
镶黄旗	2.90～19.10	9.28	中

2. 不同土壤类型有效锰含量状况　不同土壤类型有效锰含量存在差异。草甸土有效

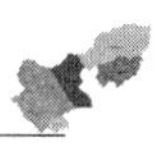

锰含量最高，平均值 19.60mg/kg；其次是灰色草甸土，平均值 16.68mg/kg；盐土最低，平均值 8.51mg/kg（表 3-26）。

表 3-26　不同土壤类型有效锰含量

土类	范围（mg/kg）	平均值（mg/kg）
草甸土	4.37～34.57	19.60
潮土	6.58～28.86	13.00
粗骨土	6.48～26.07	14.97
风沙土	5.01～29.18	14.26
黑钙土	4.17～37.05	15.54
灰色草甸土	4.59～36.79	16.68
灰色森林土	4.16～29.35	13.88
栗钙土	4.35～35.38	16.28
山地草甸土	9.23～11.04	10.41
石质土	7.49～26.81	16.16
盐土	6.64～9.55	8.51
沼泽土	1.15～34.44	14.89
棕钙土	4.35～34.40	14.84

3. 不同成土母质有效锰含量状况　不同成土母质土壤有效锰含量不同，冲洪积物母质土壤有效锰含量最高，平均值 16.5mg/kg；其次是黄土状物母质土壤，平均值 16.1mg/kg；河湖相沉积物母质土壤有效锰含量最低，平均值 12.7mg/kg（表 3-27）。

表 3-27　不同成土母质有效锰含量

成土母质	范围（mg/kg）	平均值（mg/kg）
残坡积物	4.2～34.5	13.2
冲洪积物	4.4～36.8	16.5
风积物	5.0～29.2	15.3
河湖相沉积物	1.2～34.4	12.7
黄土状物	4.3～37.1	16.1
泥质岩	4.4～28.9	15.9
砂砾岩	4.8～31.9	14.7

（三）有效锌

锌是许多酶的组成成分和活化剂，影响叶绿素的形成和氧化还原作用，促进生长素和蛋白质的合成，影响蛋白质的运转。植物缺锌光合作用受阻，叶绿素形成受抑制，叶色变白，形成白化苗。

锡林郭勒盟牧区土壤有效锌含量为 0.01～5.65mg/kg，平均 0.47mg/kg。含量≥1.0 mg/kg 的高水平面积1 142.3hm^2，占 2.8%；含量 0.5～<1.0mg/kg 的中等水平面积

17 503.3hm²，占43.7%；含量小于临界值（0.5 mg/kg）的低水平面积21 446.3hm²，占53.5%。说明锡林郭勒盟牧区有53.5%的耕地和人工草地缺锌。缺锌地区在施肥过程中要重视锌肥的施入（表3-28）。

表3-28　牧区土壤有效锌含量分布

	极低	低	中	高	极高
含量（mg/kg）	<0.3	0.3～<0.5	0.5～<1.0	1.0～<3.0	≥3.0
面积（hm²）	7 765.2	13 681.1	17 503.3	725.8	416.5
占比（%）	19.4	34.1	43.7	1.8	1.0

1. 各旗市土壤有效锌含量状况　牧区各旗市土壤有效锌含量不同。苏尼特右旗有效锌含量最高，平均值0.55mg/kg；其次为东乌珠穆沁旗，平均值0.54mg/kg；二连浩特市有效锌含量最低，为0.36mg/kg，二连浩特市缺锌面积占100%（表3-29）。

表3-29　各旗市土壤有效锌含量

旗市	范围（mg/kg）	平均值（mg/kg）	水平
阿巴嘎旗	0.07～1.60	0.42	低
东乌珠穆沁旗	0.03～5.65	0.54	中
二连浩特市	0.04～3.74	0.36	低
苏尼特右旗	0.01～3.28	0.55	中
苏尼特左旗	0.02～2.27	0.42	低
西乌珠穆沁旗	0.02～4.52	0.50	中
镶黄旗	0.02～4.90	0.53	中

2. 不同土壤类型有效锌含量状况　不同土壤类型有效锌含量存在差异。草甸土有效锌含量最高，平均值0.66mg/kg；其次是沼泽土，平均值0.57mg/kg；盐土最低，平均值0.37mg/kg（表3-30）。

表3-30　不同土壤类型有效锌含量

土类	范围（mg/kg）	平均值（mg/kg）
草甸土	0.12～2.50	0.66
潮土	0.14～0.77	0.42
粗骨土	0.24～0.92	0.55
风沙土	0.12～1.66	0.49
黑钙土	0.10～3.63	0.56
灰色草甸土	0.10～2.49	0.55
灰色森林土	0.14～2.14	0.50
栗钙土	0.05～4.65	0.42

（续）

土类	范围（mg/kg）	平均值（mg/kg）
山地草甸土	0.36～0.46	0.40
石质土	0.20～0.72	0.53
盐土	0.27～0.46	0.37
沼泽土	0.12～2.49	0.57
棕钙土	0.11～4.48	0.43

（四）有效钼

钼在农作物中含量很少，但其作用非常重要。钼是硝酸还原酶的组成成分，参与豆科植物固氮，增加植物中维生素C含量，促进作物合成蛋白质。

锡林郭勒盟牧区耕地及人工草地土壤有效钼含量为0.05～0.27mg/kg，平均0.13mg/kg，低于临界值（0.15mg/kg），低于临界值的耕地面积38 478.93hm^2，占95.98%，由此可知锡林郭勒盟牧区土壤有效钼含量属于低水平，约96%的耕地及人工草地缺钼（表3-31）。施用钼酸铵等钼肥，对大豆、蚕豆等豆科作物有明显的增产效果。

表3-31　牧区土壤有效钼含量分布

	极低	低	中	高	极高
含量（mg/kg）	<0.10	0.10～<0.15	0.15～<0.20	0.20～<0.30	≥0.3
面积（hm^2）	842.66	37 636.27	1 460.39	152.52	0
占比（%）	2.10	93.88	3.64	0.38	0

1. 各旗市土壤有效钼含量状况　牧区土壤有效钼含量为0.13mg/kg左右（表3-32）。

表3-32　各旗市土壤有效钼含量

旗市	范围（mg/kg）	平均值（mg/kg）	水平
阿巴嘎旗	0.09～0.24	0.13	低
东乌珠穆沁旗	0.05～0.27	0.13	低
二连浩特市	0.09～0.18	0.13	低
苏尼特右旗	0.11～0.21	0.13	低
苏尼特左旗	0.12～0.24	0.13	低
西乌珠穆沁旗	0.08～0.18	0.13	低
镶黄旗	0.09～0.23	0.13	低

2. 不同土壤类型有效钼含量状况　不同土壤类型有效钼含量存在一定差异。灰色森林土有效钼含量最高，平均值0.138 mg/kg；其次是盐土，平均值0.136 mg/kg；粗骨土、石质土有效钼含量最低，平均值均为0.126 mg/kg（表3-33）。

表 3-33　不同土壤类型有效钼含量

土类	范围（mg/kg）	平均值（mg/kg）
草甸土	0.090～0.168	0.130
潮土	0.112～0.159	0.130
粗骨土	0.112～0.147	0.126
风沙土	0.090～0.182	0.132
黑钙土	0.090～0.210	0.133
灰色草甸土	0.091～0.210	0.131
灰色森林土	0.097～0.208	0.138
栗钙土	0.087～0.217	0.131
山地草甸土	0.110～0.170	0.135
石质土	0.114～0.142	0.126
盐土	0.101～0.160	0.136
沼泽土	0.090～0.228	0.133
棕钙土	0.094～0.178	0.128

3. 不同成土母质有效钼含量状况　泥质岩母质土壤有效钼含量最高，平均值 0.15 mg/kg；其次是风积物母质土壤，平均值 0.14mg/kg；砂砾岩母质土壤有效钼含量最低，平均值 0.10mg/kg（表 3-34）。

表 3-34　不同成土母质有效钼含量

成土母质	范围（mg/kg）	平均值（mg/kg）
冲洪积物	0.08～0.27	0.12
风积物	0.09～0.23	0.14
黄土状物	0.08～0.20	0.11
残坡积物	0.09～0.24	0.13
泥质岩	0.11～0.18	0.15
砂砾岩	0.05～0.24	0.10

（五）有效铜

作物缺铜时叶色异常，果实和籽实的质量降低，产量下降。

锡林郭勒盟牧区耕地及人工草地土壤有效铜含量为 0.12～2.58mg/kg，平均 0.69mg/kg，高于临界值（0.2mg/kg），高于临界值的面积 40 003.96hm^2，占 99.78%，可见锡林郭勒盟牧区土壤有效铜含量较丰富，有效铜含量处于中等偏高水平（表 3-35）。

表 3-35　牧区土壤有效铜含量分布

	极低	低	中	高	极高
含量（mg/kg）	<0.10	0.10～<0.20	0.20～<1.0	1.0～<1.8	≥1.8

（续）

	极低	低	中	高	极高
面积（hm^2）	0	87.88	25 298.77	14 705.19	0
占比（%）	0	0.22	63.1	36.68	0

1. 各旗市土壤有效铜含量状况　牧区各旗市土壤有效铜含量存在差异，但有效铜含量平均值都高于临界值（0.2mg/kg）。除苏尼特左旗部分地区缺铜外，其余地区都不缺铜。东乌珠穆沁旗有效铜含量最高，平均值0.95mg/kg；其次是西乌珠穆沁旗，平均值0.85mg/kg；阿巴嘎旗有效铜含量最低，平均值0.41mg/kg（表3-36）。

表3-36　各旗市土壤有效铜含量

旗市	范围（mg/kg）	平均值（mg/kg）	水平
阿巴嘎旗	0.19～0.78	0.41	中
东乌珠穆沁旗	0.33～2.32	0.95	中
二连浩特市	0.14～1.20	0.50	中
苏尼特右旗	0.14～0.99	0.82	中
苏尼特左旗	0.12～0.82	0.62	中
西乌珠穆沁旗	0.18～2.58	0.85	中
镶黄旗	0.14～1.97	0.67	中

2. 不同土壤类型有效铜含量状况　不同土壤类型有效铜含量有明显差别。草甸土有效铜含量最高，平均值1.00 mg/kg；其次是灰色草甸土，平均值0.88mg/kg；栗钙土有效铜含量最低，平均值0.49 mg/kg（表3-37）。

表3-37　不同土壤类型有效铜含量

土类	范围（mg/kg）	平均值（mg/kg）
草甸土	0.17～1.50	1.00
潮土	0.28～1.49	0.73
粗骨土	0.27～1.27	0.78
风沙土	0.32～1.47	0.80
黑钙土	0.17～1.66	0.83
灰色草甸土	0.17～1.66	0.88
灰色森林土	0.17～1.51	0.75
栗钙土	0.13～1.67	0.49
山地草甸土	0.61～0.93	0.81
石质土	0.33～1.47	0.84
盐土	0.49～0.72	0.52
沼泽土	0.21～1.49	0.79
棕钙土	0.13～1.59	0.80

3. 不同成土母质有效铜含量状况 泥质岩母质土壤有效铜含量最高，平均值0.85 mg/kg；其次是黄土状物母质土壤，平均值0.84mg/kg；风积物母质土壤有效铜含量最低，平均值0.43mg/kg（表3-38）。

表3-38 不同成土母质有效铜含量

成土母质	范围（mg/kg）	平均值（mg/kg）
残坡积物	0.17～1.66	0.51
冲洪积物	0.17～1.67	0.53
风积物	0.28～1.49	0.43
河湖相沉积物	0.21～1.59	0.78
黄土状物	0.17～1.67	0.84
泥质岩	0.13～1.49	0.85
砂砾岩	0.13～1.59	0.81

（六）有效硼

硼能促进碳水化合物的运转及生殖器官的正常发育，影响分生组织中生长素的形成及细胞的分裂，提高根瘤菌的固氮活性。

锡林郭勒盟牧区土壤有效硼含量相对较丰富，牧区耕地及人工草地有效硼含量0.20～1.83mg/kg，平均0.65mg/kg，高于临界值（0.5mg/kg），并且有71.2%的面积有效硼含量高于临界值，低于临界值的面积11 542.76hm^2，占28.8%（表3-39）。

表3-39 牧区土壤硼含量分布

水平	极低	低	中	高	极高
含量（mg/kg）	<0.2	0.2～<0.5	0.5～<1.0	1.0～<1.5	≥1.5
面积（hm^2）	0	11 542.76	25 415.92	2 888.3	244.86
占比（%）	0	28.8	63.39	7.2	0.61

1. 各旗市土壤有效硼含量状况 各旗市土壤有效硼含量存在差异。苏尼特左旗有效硼含量最高，为0.99mg/kg；其次是二连浩特市，平均值0.74mg/kg；西乌珠穆沁旗有效硼含量最低，平均值0.59mg/kg。缺硼地区主要在西乌珠穆沁旗和镶黄旗，分别占牧区缺硼面积的48.2%和29.9%，苏尼特右旗和苏尼特左旗也有少部分地区缺硼（表3-40）。

表3-40 各旗市土壤有效硼含量

旗市	范围（mg/kg）	平均值（mg/kg）	水平
阿巴嘎旗	0.38～1.31	0.71	中
东乌珠穆沁旗	0.44～1.22	0.68	中
二连浩特市	0.72～1.41	0.74	中
苏尼特右旗	0.21～1.70	0.60	中

（续）

旗市	范围（mg/kg）	平均值（mg/kg）	水平
苏尼特左旗	0.20～1.83	0.99	中
西乌珠穆沁旗	0.30～0.97	0.59	中
镶黄旗	0.27～1.08	0.63	中

2. 不同土壤类型有效硼含量状况　不同土壤类型有效硼含量存在一定差异。山地草甸土有效硼含量最高，平均值 1.06mg/kg；其次是盐土，平均值 0.93mg/kg；粗骨土有效硼含量最低，平均值 0.54 mg/kg（表 3-41）。

表 3-41　不同土壤类型有效硼含量

土类	范围（mg/kg）	平均值（mg/kg）
草甸土	0.60～0.85	0.64
潮土	0.40～1.70	0.82
粗骨土	0.34～0.72	0.54
风沙土	0.41～0.91	0.63
黑钙土	0.35～1.22	0.68
灰色草甸土	0.30～1.38	0.61
灰色森林土	0.32～1.21	0.67
栗钙土	0.21～1.83	0.63
山地草甸土	1.06～1.07	1.06
石质土	0.38～0.94	0.70
盐土	0.72～1.04	0.93
沼泽土	0.35～1.22	0.71
棕钙土	0.20～1.77	0.76

3. 不同成土母质有效硼含量状况　河湖相沉积物母质土壤有效硼含量最高，平均值 0.71mg/kg；其次是残坡积物母质土壤，平均值 0.70mg/kg；风积物母质土壤有效硼含量最低，平均值 0.57mg/kg（表 3-42）。

表 3-42　不同成土母质有效硼含量

成土母质	范围（mg/kg）	平均值（mg/kg）
残坡积物	0.27～1.83	0.70
冲洪积物	0.28～1.77	0.64
风积物	0.20～1.29	0.57
河湖相沉积物	0.31～1.70	0.71
黄土状物	0.27～1.21	0.67
泥质岩	0.33～1.65	0.63
砂砾岩	0.21～1.58	0.65

二、中量元素现状

（一）有效硫和有效硅现状

锡林郭勒盟牧区耕层土壤有效硫含量属于中等水平，有效硅含量比较高。有效硫含量平均值 12.5mg/kg，变幅 0.7～187.8mg/kg，含量主要集中在 0～15mg/kg，占耕地及人工草地面积的 91.04%；含量＞15 mg/kg 的面积占 8.96%。有效硅含量平均值 179mg/kg，变幅 44～399mg/kg，含量 200～＜300mg/kg 的面积占 59.09%；含量 100～＜200mg/kg 的面积占 33.97%，含量＜100mg/kg 的面积占 6.63%；含量≥300 mg/kg 的面积占 0.31%。

二连浩特市土壤有效硫含量最高，平均值 21.0 mg/kg；阿巴嘎旗最低，平均值 7.6 mg/kg。苏尼特右旗土壤有效硅含量最高，平均值 187mg/kg；二连浩特市最低，平均值 153mg/kg（表 3-43）。

表 3-43　各旗市土壤有效硫和有效硅含量

旗市	有效硫		有效硅	
	范围（mg/kg）	平均值（mg/kg）	范围（mg/kg）	平均值（mg/kg）
阿巴嘎旗	1.7～89.5	7.6	52～264	172
东乌珠穆沁旗	0.8～187.8	16.3	44～387	180
二连浩特市	1.2～175	21.0	146～162	153
苏尼特右旗	1.0～178.6	14.9	72～345	187
苏尼特左旗	0.7～154	11.9	66～346	163
西乌珠穆沁旗	1.2～105.5	7.8	46～399	180
镶黄旗	0.8～87.5	7.7	46～372	181

（二）交换性钙和交换性镁现状

锡林郭勒盟牧区交换性钙和交换性镁含量都较高。交换性钙含量 843.0～9 625.2mg/kg，平均值 3 432.6mg/kg。镶黄旗交换性钙含量最高，平均值 4 899.5mg/kg；其次是二连浩特市，平均值 4 828.1mg/kg；苏尼特左旗最低，平均值 1 159.2mg/kg。交换性镁含量为 138.4～814.4mg/kg，平均值 390.6mg/kg。二连浩特市交换性镁含量最高，平均值 543.0mg/kg；其次是东乌珠穆沁旗，平均值 513.9mg/kg；苏尼特左旗最低，平均值 267.7mg/kg（表 3-44）。

表 3-44　各旗市土壤交换性钙和交换性镁含量

旗市	交换性钙		交换性镁	
	范围（mg/kg）	平均值（mg/kg）	范围（mg/kg）	平均值（mg/kg）
阿巴嘎旗	1 315.6～4 939.4	2 592.8	212.0～592.5	357.0
东乌珠穆沁旗	1 834.1～6 016.6	3 284.2	323.6～648.3	513.9
二连浩特市	2 217.8～8 009.4	4 828.1	437.8～663.3	543.0
苏尼特右旗	843.0～7 414.1	2 980.0	220.4～475.7	318.1

（续）

旗市	交换性钙		交换性镁	
	范围（mg/kg）	平均值（mg/kg）	范围（mg/kg）	平均值（mg/kg）
苏尼特左旗	918.6～1 358.6	1 159.2	187.5～349.3	267.7
西乌珠穆沁旗	1 935.0～9 625.2	4 284.3	138.4～640.7	340.8
镶黄旗	1 791.7～8 763.4	4 899.5	142.0～814.4	393.5
汇总	843.0～9 625.2	3 432.6	138.4～814.4	390.6

第四节 其他属性现状

一、pH

牧区土壤酸碱度为 pH 6.3～9.8，平均值 pH8.2，pH≥7.5 的面积占 63.83%（表 3-45）。各旗市土壤酸碱度平均值为 pH 7.9～8.5（表 3-46），可见牧区大部分地区土壤呈碱性。各土类间 pH 有所不同，灰色森林土较低，pH 6.4～8.2，平均 pH 7.0；栗钙土较高，pH 6.4～9.3，平均 pH 8.1。

表 3-45 牧区土壤 pH 状况

pH	<5.5	5.5～<6.5	6.5～<7.5	7.5～<8.5	8.5～<9.0	≥9.0
面积（hm^2）	0	548.97	13 953.96	25 069.1	472.06	47.75
占比（%）	0	1.37	34.8	62.53	1.18	0.12

表 3-46 各旗市土壤 pH 状况

旗市	范围	平均值
阿巴嘎旗	7.1～9.4	8.1
东乌珠穆沁旗	6.2～9.8	7.3
二连浩特市	7.1～9.3	8.5
苏尼特右旗	7.1～9.6	8.5
苏尼特左旗	6.4～9.4	8.1
西乌珠穆沁旗	6.5～9.5	7.9
镶黄旗	6.7～9.7	7.9
平均	6.2～9.8	8.1

二、土壤质地

土壤质地是评价耕地地力的主要指标之一。按照国际制质地分类标准，锡林郭勒盟牧区土壤分为 5 个类型，即沙土、沙壤、壤土、黏壤、黏土。从表 3-47 中可以看出，沙壤是锡林郭勒盟牧区土壤的主要质地类型，面积 30 200.5hm^2，占耕地及人工草地面积的 75.3%；壤土次之，占 12%，黏土最少。

表 3-47　不同地力等级耕地的质地

质地		沙土	沙壤	壤土	黏壤	黏土
一级地	面积（hm^2）	0.00	5 084.7	506.4	855.1	0
	占比（%）	0.00	78.88	7.86	13.27	0.00
二级地	面积（hm^2）	60.4	6 387.7	2 330.0	1 261.3	7.24
	占比（%）	0.60	63.58	23.19	12.55	0.07
三级地	面积（hm^2）	19.9	7 971.8	1 065.8	302.4	0
	占比（%）	0.21	85.17	11.39	3.23	0.00
四级地	面积（hm^2）	706.3	6 319.8	843.4	355.5	0.02
	占比（%）	8.59	76.84	10.25	4.32	0.00
五级地	面积（hm^2）	1 226.9	4 436.5	85.4	264.5	0
	占比（%）	20.40	73.78	1.42	4.40	0.00
合计	面积（hm^2）	2 013.5	30 200.5	4 831.0	3 038.8	7.26
	占比（%）	5.0	75.3	12.0	7.6	0.0

三、耕层土壤主要养分变化和变化原因

（一）有机质、大量元素变化

第二次土壤普查与本次耕地养分状况分析对比结果显示（表 3-48），近 30 年的农业生产活动使锡林郭勒盟牧区耕地土壤有机质、全氮、速效钾含量明显下降，有效磷含量显著提高。有机质含量由 34.50g/kg 降到 31.70g/kg，降低幅度为 8.1%；全氮含量由 1.733g/kg 降到 1.710g/kg，降低幅度为 1.3%；速效钾含量由 220mg/kg 降到 166mg/kg，降低幅度为 24.5%；有效磷含量由 3.1mg/kg 升高到 9.2mg/kg，提高幅度为 196.8%。主要土壤类型有机质含量除棕钙土升高外，其余均降低，其中黑钙土降低 5.80g/kg，降低幅度为 11.1%；栗钙土降低 8.60g/kg，降低幅度为 29.9%；沼泽土降低 0.50g/kg，降低幅度为 1.0%。全氮含量除沼泽土外，其余全部降低，其中黑钙土降低 2.1%，栗钙土降低 29.1%，棕钙土降低 0.3%。各土类速效钾含量全部降低，其中黑钙土、栗钙土、沼泽土、棕钙土分别降低 18.3%、6.5%、29.7%、39.5%。各土类有效磷含量全部升高，其中黑钙土、栗钙土、沼泽土、棕钙土分别升高 380%、315%、100%、132.1%。

表 3-48　牧区主要类型耕地土壤养分含量对照

土壤类型	第二次土壤普查				2009—2015 年调查结果											
					有机质			全氮			有效磷			速效钾		
	有机质 (g/kg)	全氮 (g/kg)	有效磷 (mg/kg)	速效钾 (mg/kg)	含量 (g/kg)	增减 (g/kg)	增幅 (%)	含量 (g/kg)	增减 (g/kg)	增幅 (%)	含量 (mg/kg)	增减 (mg/kg)	增幅 (%)	含量 (mg/kg)	增减 (mg/kg)	增幅 (%)
黑钙土	52.40	2.580	2.5	213	46.60	−5.80	−11.1	2.525	−0.055	−2.1	12.0	9.5	380.0	174	−39	−18.3
栗钙土	28.80	1.650	2.0	185	20.20	−8.60	−29.9	1.170	−0.480	−29.1	8.3	6.3	315.0	173	−12	−6.5
沼泽土	48.90	2.050	5.0	249	48.40	−0.50	−1.0	2.497	0.447	21.8	10.0	5.0	100.0	175	−74	−29.7
棕钙土	7.90	0.650	2.8	233	11.60	3.70	46.8	0.648	−0.002	−0.3	6.5	3.7	132.1	141	−92	−39.5
平均	34.50	1.733	3.1	220	31.70	−2.80	−8.1	1.710	−0.023	−1.3	9.2	6.1	196.8	166	−54	−24.5

（二）变化原因分析

1. 有机肥投入不足 随着种植业结构的调整，特别是在市场经济的调节下，一批优质、高产、高效的农作物广泛种植，产量不断提高，效益不断增加，但随之而来的是用地与养地的矛盾日益突出。作物的生物产量越高，从土壤中带走的营养元素就越多。由于每年从土壤中带走了大量养分，而农牧户施用有机肥数量少，有机肥施肥水平低，使有机养分没有得到及时补充，用养失调，土壤有机质含量呈现逐年下降的趋势。

2. 施肥结构不合理 锡林郭勒盟牧区农牧民习惯施用磷酸二铵、尿素等氮、磷肥料，而忽视钾肥的施入，导致耕地土壤中磷素富集，速效钾含量下降。大麦、苜蓿、旱地青谷子、旱地青贮玉米、水地青贮玉米、西瓜、小麦、水地莜麦氮（N）、磷（P_2O_5）、钾（K_2O）施肥比例（N∶P_2O_5∶K_2O）分别为1∶2.6∶0.0、1∶2.6∶0.0、1∶2.6∶0.0、1∶1.7∶0.0、1∶1.1∶0.0、1∶2.6∶0.0、1∶2.6∶0.0和1∶1.1∶0.0，由此可见牧区基本不施用钾肥；水地马铃薯施肥比例（N∶P_2O_5∶K_2O）为1∶0.7∶0.7，磷、钾肥使用比例偏低，牧区旱地马铃薯均不施钾肥。

3. 水土流失 有关资料表明，锡林郭勒盟牧区耕地及人工草地普遍存在不同程度的水土流失，尤其是风蚀问题比较严重。风蚀损失掉表层土壤，带走耕层大量养分，增加了土壤的瘠薄程度，这也是造成耕地土壤养分下降的重要原因之一。

第四章

耕地地力现状

第一节　各旗市耕地地力基本状况

一、东乌珠穆沁旗

东乌珠穆沁旗位于锡林郭勒盟东北部，全旗辖 5 个镇、4 个苏木，1 个国营林场，57 个牧业嘎查，总土地面积 4.22 万 km^2，是以畜牧业为主的旗市。地势北高南低，由东向西倾斜，海拔 800～1 500m。北部是低山丘陵，南部是盆地。全旗土壤水平地带性分布非常明显，由东向西依次有灰色森林土、黑钙土、栗钙土，非地带性土壤有沼泽土、草甸土等。土壤类型以黑钙土为主，占 58.8%，栗钙土占 13.9%，草甸土占 13.4%，沼泽土和灰色森林土分别占 7.9%和 5.6%，还有少量灰色草甸土和山地草甸土。

全旗有耕地面积9 104.6hm^2，人工草地2 044.2hm^2。耕地和人工草地主要分布在乌里雅斯太镇和宝格达山林场。东乌珠穆沁旗土壤养分平均含量分别为：有机质 47.6g/kg、全氮 2.557g/kg、有效磷 12.1mg/kg、速效钾 214mg/kg。全旗土壤有机质、全氮含量总体处于极高水平，有效磷含量处于中等水平，速效钾含量处于高水平。土壤微量元素平均含量分别为：有效铁 26.7mg/kg、有效锰 15.26mg/kg、有效锌 0.54mg/kg、有效硼 0.68mg/kg、有效铜 0.95mg/kg、有效钼 0.13mg/kg。微量元素中有效铁处于极高水平，有效锌、有效硼、有效铜含量处于中等水平，有效钼含量处于低水平。东乌珠穆沁旗土壤微量元素除有效钼缺乏外，其他元素总体不缺乏，缺钼面积占总面积的 96%。所以在当地施肥中要重视钼肥的施入，尤其是豆科作物，对钼较敏感，如果耕地缺钼对豆科作物的产量影响较大。

东乌珠穆沁旗耕地共评价出 4 个地力等级。其中一级地面积5 099.4hm^2，占全旗耕地面积的 56.0%；二级地面积3 886.5 hm^2，占全旗耕地面积的 42.7%；三级地面积 3.8 hm^2；四级地面积 114.9 hm^2，占全旗耕地面积的 1.3%（表 4-1）。东乌珠穆沁旗的耕地地力水平较高。

人工草地共评价出 4 个地力等级。其中一级地面积 1 346.8hm^2，占全旗人工草地面积的 65.9%；二级地面积 606.8 hm^2，占全旗人工草地面积的 29.7%；三级地面积 62.2 hm^2，占全旗人工草地面积的 3.0%；四级地面积 28.4hm^2，占全旗人工草地面积的 1.4%（表 4-1）。可见东乌珠穆沁旗人工草地的地力水平也较高。

表 4-1　东乌珠穆沁旗不同地力等级面积统计

	一级地	二级地	三级地	四级地	五级地	合计
耕地（hm²）	5 099.4	3 886.5	3.8	114.9		9 104.6
占全旗耕地面积（%）	56.0	42.7	0.0	1.3		100
人工草地（hm²）	1 346.8	606.8	62.2	28.4		2 044.2
占全旗人工草地面积（%）	65.9	29.7	3.0	1.4		100

二、西乌珠穆沁旗

西乌珠穆沁旗位于锡林郭勒盟东北部，总土地面积 2.3 万 km^2，是以畜牧业为主的旗市。全旗耕地面积 187.1hm^2，人工草地面积 10 758.6hm^2。耕地和人工草地主要分布在巴拉嘎尔高勒镇、浩勒图高勒镇等地，种植作物以青贮玉米为主。土壤类型以栗钙土为主，占 59.3%；灰色草甸土占 19.3%，黑钙土占 12.1%，灰色森林土和沼泽土分别占 4.7%和 2.4%，还有少量风沙土。

西乌珠穆沁旗耕地及人工草地土壤养分平均含量分别为：有机质 25.0g/kg、全氮 1.542g/kg、有效磷 9.0mg/kg、速效钾 126mg/kg。土壤有机质、全氮、速效钾含量总体都处于中等水平，有效磷含量处于低水平。

土壤微量元素平均含量分别为：有效铁 19.8mg/kg、有效锰 16.17mg/kg、有效锌 0.50mg/kg、有效硼 0.59mg/kg、有效铜 0.85mg/kg、有效钼 0.13mg/kg。全旗微量元素中有效铁平均含量处于高水平，有效锰、有效锌、有效硼、有效铜含量处于中等水平，有效钼含量处于低水平。西乌珠穆沁旗土壤微量元素除有效钼缺乏外，其他总体不缺乏，缺钼面积占 96.7%。

西乌珠穆沁旗耕地共评价出 2 个地力等级。其中三级地面积 171.6hm^2，占全旗耕地面积的 91.7%；五级地面积 15.5hm^2，占全旗耕地面积的 8.3%（表 4-2）。西乌珠穆沁旗耕地地力水平中等。

人工草地共评价出 4 个地力等级。其中二级地面积 3 786.4hm^2，占全旗人工草地面积的 35.2%；三级地面积 5 669.4hm^2，占全旗人工草地面积的 52.7%；四级地面积 1 269.5hm^2，占全旗人工草地面积的 11.8%；五级地面积 33.3hm^2，占全旗人工草地面积的 0.3%（表 4-2）。可见西乌珠穆沁旗人工草地的地力水平较高。

表 4-2　西乌珠穆沁旗不同地力等级面积统计

	一级地	二级地	三级地	四级地	五级地	合计
耕地（hm²）			171.6		15.5	187.1
占全旗耕地面积（%）			91.7		8.3	100
人工草地（hm²）		3 786.4	5 669.4	1 269.5	33.3	10 758.6
占全旗人工草地面积（%）		35.2	52.7	11.8	0.3	100

三、阿巴嘎旗

阿巴嘎旗地处锡林郭勒盟西北部，全旗辖 4 个苏木、3 个镇，71 个嘎查。地貌类型有

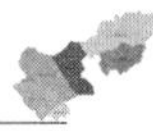

低山丘陵、高平原、熔岩台地和沙地。土地总面积 2.7 万 km^2，根据第二次国土调查，阿巴嘎旗没有耕地，只有人工草地。人工草地主要分布在别力古台镇的熔岩台地和高平地上，面积2 349.7hm^2，种植作物以青贮玉米为主。人工草地土壤类型以栗钙土为主，占82.7%，风沙土占 11.4%，盐土和棕钙土分别占 3.4%和 1.7%。

阿巴嘎旗人工草地土壤养分平均含量分别为：有机质 20.0g/kg、全氮 1.093g/kg、有效磷 11.3mg/kg、速效钾 198mg/kg。人工草地土壤有机质、有效磷平均含量处于中等水平，全氮平均含量处于低水平，速效钾平均含量处于高水平。

人工草地微量元素平均含量分别为：有效铁 7.4mg/kg、有效锰 9.14mg/kg、有效锌 0.42mg/kg、有效硼 0.71mg/kg、有效铜 0.41mg/kg、有效钼 0.13mg/kg。微量元素中有效铁、有效锰、有效锌、有效硼、有效铜平均含量全部处于中等水平，有效钼含量处于低水平。

阿巴嘎旗人工草地共评价出 3 个地力等级。其中二级地面积 730.3 hm^2，占全旗人工草地面积的 31.1%；三级地面积 305.9hm^2，占全旗人工草地面积的 13.0%；四级地面积1 313.5hm^2，占全旗人工草地面积的 55.9%（表 4-3）。阿巴嘎旗人工草地地力水平中等。

表 4-3　阿巴嘎旗不同地力等级面积统计

	一级地	二级地	三级地	四级地	五级地	合计
人工草地（hm^2）		730.3	305.9	1 313.5		2 349.7
占全旗人工草地面积（%）		31.1	13.0	55.9		100

四、苏尼特左旗

苏尼特左旗位于锡林郭勒盟西北部，是以畜牧业为主的旗市，土地总面积 3.4 万 km^2，耕地面积 423.1hm^2，人工草地面积 2 061.6hm^2。耕地和人工草地主要分布在满都拉图镇、巴彦乌拉苏木等地，种植作物以青贮玉米为主。土壤类型以棕钙土为主，占 54.6%，栗钙土占 27.1%，灰色草甸土占 18.3%。

苏尼特左旗耕地及人工草地土壤养分平均含量分别为：有机质 13.5g/kg、全氮 0.909g/kg、有效磷 9.0mg/kg、速效钾 158mg/kg。有机质、全氮、有效磷平均含量都处于低水平，速效钾平均含量处于中等水平。

土壤微量元素平均含量分别为：有效铁 6.6mg/kg、有效锰 9.57mg/kg、有效锌 0.42mg/kg、有效硼 0.99mg/kg、有效铜 0.62mg/kg、有效钼 0.13mg/kg。微量元素中有效铁、有效锰、有效硼、有效铜含量全部处于中等水平，有效钼、有效锌含量处于低水平。

苏尼特左旗耕地共评价出 2 个地力等级。其中三级地面积 406.6hm^2，占全旗耕地面积的 96.1%；五级地面积 16.5hm^2，占全旗耕地面积的 3.9%（表 4-4）。可见苏尼特左旗耕地地力水平中等。

人工草地共评价出 4 个地力等级。其中二级地面积 2.4hm^2；三级地面积 84.5hm^2，占全旗人工草地面积的 4.1%；四级地面积 1 167.8hm^2，占全旗人工草地面积的 56.6%；

五级地面积 806.9hm^2，占全旗人工草地面积的 39.1%（表 4-4）。苏尼特左旗人工草地的地力水平较低，风蚀沙化现象较严重。

表 4-4　苏尼特左旗不同地力等级面积统计

	一级地	二级地	三级地	四级地	五级地	合计
耕地（hm^2）			406.6		16.5	423.1
占全旗耕地面积（%）			96.1		3.9	100
人工草地（hm^2）		2.4	84.5	1 167.8	806.9	2 061.6
占全旗人工草地面积（%）		0.1	4.1	56.6	39.1	100

五、苏尼特右旗

苏尼特右旗位于锡林郭勒盟西北部，地处干旱草原向荒漠草原过渡地带。地势南高北低，南部为起伏的低山丘陵，北部为高平原，海拔 900～1 400m，无霜期 120d，是全盟积温最高的旗。全旗辖 4 个苏木、3 个镇，总面积 2.23 万 km^2，其中耕地面积 1 854.1hm^2，人工草地面积 4 326.7hm^2。主要分布在低山丘陵缓坡地上，耕地和人工草地分别集中在朱日和镇、赛汉塔拉镇等地，种植作物主要有马铃薯、青贮玉米等。土壤类型以栗钙土和棕钙土为主，分别占 53.1%和 30.3%；风沙土、灰色草甸土、潮土分别占 6.4%、5.8%和 4.4%。苏尼特右旗耕地及人工草地土壤养分平均含量分别为：有机质 13.8g/kg、全氮 0.912g/kg、有效磷 9.1mg/kg、速效钾 156mg/kg。土壤有机质、全氮平均含量处于低水平，有效磷、速效钾平均含量处于中等水平。

土壤微量元素平均含量分别为：有效铁 5.1mg/kg、有效锰 8.42mg/kg，有效锌 0.55mg/kg、有效硼 0.60mg/kg、有效铜 0.82mg/kg、有效钼 0.13mg/kg。微量元素中有效铁、有效锰、有效锌、有效硼、有效铜平均含量处于中等水平，有效钼平均含量处于低水平，苏尼特右旗严重缺钼，缺钼面积占 97.6%。

苏尼特右旗耕地共评价出 2 个地力等级。其中四级地面积 94.1hm^2，占 5.1%；五级地面积 1 760hm^2，占 94.9%（表 4-5）。苏尼特右旗的耕地地力水平较低。

人工草地共评价出 4 个地力等级。其中二级地面积 110.8hm^2，占全旗人工草地面积的 2.6%；三级地面积 126.5hm^2，占全旗人工草地面积的 2.9%；四级地面积 1 873.9hm^2，占全旗人工草地面积的 43.3%；五级地面积 2 215.5hm^2，占全旗人工草地面积的 51.2%（表 4-5）。苏尼特右旗人工草地的地力水平总体也较低。

表 4-5　苏尼特右旗不同地力等级面积统计

	一级地	二级地	三级地	四级地	五级地	合计
耕地（hm^2）				94.1	1 760	1 854.1
占全旗耕地面积（%）				5.1	94.9	100
人工草地（hm^2）		110.8	126.5	1 873.9	2 215.5	4 326.7
占全旗人工草地面积（%）		2.6	2.9	43.3	51.2	100

六、二连浩特市

二连浩特市地处锡林郭勒盟西北部，总面积 0.4 万 km^2。全市有耕地面积 81.5 hm^2，

人工草地面积 424hm²。土壤类型以棕钙土为主。

二连浩特市耕地及人工草地养分平均含量分别为：有机质 12.4g/kg、全氮 0.699g/kg、有效磷 10.8mg/kg、速效钾 128mg/kg。土壤有机质平均含量处于低水平，全氮平均含量处于极低水平，有效磷、速效钾平均含量处于中等水平。

土壤微量元素平均含量分别为：有效铁 4.9mg/kg、有效锰 9.78mg/kg、有效锌 0.36mg/kg、有效硼 0.74mg/kg、有效铜 0.50mg/kg、有效钼 0.13mg/kg。微量元素中有效硼平均含量处于高水平，有效铁、有效锰、有效铜平均含量处于中等水平，有效锌、有效钼平均含量处于低水平。二连浩特市缺钼、缺锌面积占 100%。

二连浩特市耕地共评价出 2 个地力等级。其中三级地面积 39.8hm²，占全市耕地面积的 48.8%；四级地面积 41.7 hm²，占全市耕地面积的 51.2%（表 4-6）。二连浩特市耕地地力水平中等偏下。

人工草地共评价出 2 个地力等级。其中三级地面积 4.1hm²，占全市人工草地面积的 0.9%；五级地面积 419.9 hm²，占全市人工草地面积的 99.1%（表 4-6）。二连浩特市人工草地地力水平偏低。

表 4-6　二连浩特市不同地力等级面积统计

	一级地	二级地	三级地	四级地	五级地	合计
耕地（hm²）			39.8	41.7		81.5
占全市耕地面积（%）			48.8	51.2		100
人工草地（hm²）			4.1		419.9	424
占全市人工草地面积（%）			0.9		99.1	100

七、镶黄旗

镶黄旗位于锡林郭勒盟西南端，全旗总面积 0.51 万 km²，辖 2 个镇、2 个苏木，60 个嘎查，是以畜牧业为主的旗。全旗耕地面积 1 168.8hm²，人工草地面积 5 307.9hm²。耕地和人工草地主要分布在新宝拉格镇、巴彦塔拉镇、翁贡乌拉苏木。土壤类型以栗钙土为主，占 99.1%，还有少量风沙土和潮土。

镶黄旗耕地及人工草地土壤养分平均含量分别为：有机质 20.6g/kg、全氮 1.171g/kg、有效磷 6.9mg/kg、速效钾 178mg/kg。有机质、全氮、速效钾平均含量处于中等水平，有效磷平均含量处于低水平。

土壤微量元素平均含量分别为：有效铁 7.8mg/kg、有效锰 9.28mg/kg、有效锌 0.53mg/kg、有效硼 0.63mg/kg、有效铜 0.67mg/kg、有效钼 0.13mg/kg。微量元素中有效铁、有效锰、有效锌、有效硼、有效铜平均含量处于中等水平，有效钼平均含量处于低等水平。镶黄旗土壤中有效钼严重缺乏，缺钼面积占 93.2%。

镶黄旗耕地共评价出 4 个地力等级。其中二级地面积 70.5hm²，占全旗耕地面积的 6.0%；三级地面积 110.9hm²，占全旗耕地面积的 9.5%，四级地面积 484.3hm²，占全旗耕地面积的 41.4%；五级地面积 503.1hm²，占全旗耕地面积的 43.1%（表 4-7）。镶黄旗耕地地力水平较低。

人工草地共评价出 4 个地力等级。其中二级地面积 814.0hm²，占全旗人工草地面积的15.3%；三级地面积2 478.2hm²，占全旗人工草地面积的46.7%，四级地面积1 637.4hm²，占全旗人工草地面积的30.8%；五级地面积378.3hm²，占全旗人工草地面积的7.1%（表4-7）。

表4-7 镶黄旗不同地力等级面积统计

	一级地	二级地	三级地	四级地	五级地	合计
耕地（hm²）	70.5	110.9	484.3	503.1	1 168.8	
占全旗耕地面积（%）	6.0	9.5	41.4	43.1	100	
人工草地（hm²）	814.0	2 478.2	1 637.4	378.3	5 307.9	
占全旗人工草地面积（%）	15.3	46.7	30.8	7.1	100	

第二节 各等级耕地基本情况

一、一级地

（一）面积与分布

一级地耕地面积5 099.41hm²，占锡林郭勒盟牧区耕地面积的39.8%。集中分布在东乌珠穆沁旗，种植的作物以青贮玉米和马铃薯为主。

一级地人工草地面积1 346.85hm²，占牧区人工草地面积的4.9%，集中分布在东乌珠穆沁旗。

（二）主要属性

一级地主要分布于低山丘陵区。土壤类型以黑钙土为主，占一级地面积的55.7%；其次是草甸土和沼泽土，分别占16.2%和14.8%；栗钙土和灰色森林土分别占8.0%和5.1%，还有少量山地草甸土。土壤成土母质以黄土状物母质为主，面积4 200.0hm²，占一级地面积的65.2%。质地以沙壤为主，无明显的障碍层次，有效土层较厚。土壤养分含量较高（表4-8），除有效磷、有效钼的平均含量低于临界值外，其他养分含量都比较丰富。

表4-8 一级地土壤养分含量

项目	含量范围	平均值
有机质（g/kg）	33.7～85.3	56.1
全氮（g/kg）	0.789～4.190	2.910
有效磷（mg/kg）	4.91～15.40	8.83
速效钾（mg/kg）	187～306	228
有效铁（mg/kg）	4.30～118.00	26.40
有效锰（mg/kg）	5.06～28.40	13.60
有效铜（mg/kg）	0.208～1.49	0.697
有效锌（mg/kg）	0.102～3.00	0.542
有效硼（mg/kg）	0.600～1.22	0.818
有效钼（mg/kg）	0.090～0.205	0.135

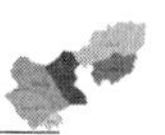

（三）生产性能与合理利用

一级地地势较平坦，水土流失轻，土体深厚，土质好，肥力水平高，大部分有灌溉条件，生产性能高，适于种植多种作物，作物产量水平较高。但部分土壤如黏质草甸土等在生产上存在冷、浆、黏、涝等障碍因素，应加强开沟排水、深耕深松、增施有机肥等改良措施，以改善土壤结构，提高土壤肥力的有效性。在利用上存在多年连茬播种、重用轻养等问题，土壤养分含量特别是有机质、有效磷、速效钾呈降低趋势，应通过建立合理的轮作制度、科学施肥等措施进一步培肥土壤，同时应注重钼肥和硼肥的施用。

二、二级地

（一）面积与分布

二级地耕地面积 3 957.03 hm^2，占锡林郭勒盟牧区耕地面积的 30.9%。主要分布在东乌珠穆沁旗和镶黄旗。种植的作物主要是青贮玉米和马铃薯。

二级地人工草地面积 6 050.70hm^2，占牧区人工草地面积的 22.2%，除二连浩特市外，各旗市均有分布。

（二）主要属性

二级地主要分布在低山丘陵区和高平地上。土壤类型主要是栗钙土和黑钙土，分别占 51.0%和 30.1%；其次为灰色草甸土、草甸土和沼泽土，分别占 5.3%、5.1%和 3.3%。土壤成土母质以冲洪积物母质和黄状物母质为主。质地以沙壤为主，占二级地面积的 63.6%。土壤养分含量见表 4-9，有效钼的平均含量低于临界值。

表 4-9　二级地土壤养分含量

项目	含量范围	平均值
有机质（g/kg）	12.8～54.5	30.9
全氮（g/kg）	0.744～2.716	1.683
有效磷（mg/kg）	2.10～29.20	8.25
速效钾（mg/kg）	83～350	197
有效铁（mg/kg）	3.53～122.00	20.00
有效锰（mg/kg）	4.37～36.80	14.9
有效铜（mg/kg）	0.169～1.497	0.785
有效锌（mg/kg）	0.045～4.650	0.547
有效硼（mg/kg）	0.346～1.310	0.728
有效钼（mg/kg）	0.091～0.180	0.130

（三）生产性能与障碍因素

二级地分布的地形比较平缓，坡度较小，水土流失较轻，除一部分薄层型土壤外，其余土体较深厚，无明显的障碍层次，但大部分无灌溉条件，生产性能低于一级地，产量水平一般为 6 000～7 500kg/hm^2。干旱是其产量的主要制约因素。二级地的地下水位埋深较浅，地表水资源也比较丰富，可在加强农田水利设施建设的基础上，合理开发利用水资源，变旱平地为水浇地，逐步建成高产稳产基本农田和高产饲草料基地。

三、三级地

（一）面积与分布

三级地耕地面积 749.15hm^2，占锡林郭勒盟牧区耕地面积的 5.84%，除苏尼特右旗外，其他旗市均有分布。种植的作物以马铃薯和青贮玉米为主。

三级地人工草地面积 8 730.5hm^2，占牧区人工草地面积的 32.4%，牧区各旗市均有分布。

（二）主要属性

三级地主要分布在低山丘陵区和高平地上。土壤类型以栗钙土和黑钙土为主，分别占三级地面积的 63.1%和 20.1%。土壤成土母质以冲洪积物母质为主，面积 7 655.2 hm^2，占三级地的 80.8%。质地以沙壤为主，面积为 7 971.8hm^2，占三级地的 84.1%。土壤养分含量见表 4-10，有效钼平均含量低于临界值。

表 4-10　三级地土壤养分含量

项目	含量范围	平均值
有机质（g/kg）	9.3～51.7	22.1
全氮（g/kg）	0.553～2.650	1.260
有效磷（mg/kg）	1.59～37.90	7.66
速效钾（mg/kg）	74～377	164
有效铁（mg/kg）	3.13～127.00	15.00
有效锰（mg/kg）	4.35～36.80	14.90
有效铜（mg/kg）	0.168～1.67	0.886
有效锌（mg/kg）	0.085～3.275	0.576
有效硼（mg/kg）	0.301～1.490	0.625
有效钼（mg/kg）	0.090～0.214	0.131

（三）生产性能与主要障碍因素

三级地主要是旱地，粮食产量水平一般为 4 500～6000kg/hm^2，土壤主要养分含量低于二级地。三级地坡耕地面积相对较大，水土流失比二级地严重，有效土层厚度、腐殖质层厚度比二级地低。在改良利用上，比较平坦的耕地，可通过平整土地、开沟排水、深耕深松、增施有机肥等措施，同时合理开发利用水资源，变旱地为水浇地，逐步建成高产稳产基本农田。一部分坡耕地土体比较深厚，可通过等高耕作、深耕深松、秸秆还田、粮草轮作等措施，逐步培肥土壤，提高土壤的蓄水保墒能力，防止水土流失，逐步建成旱作稳产基本农田。

四、四级地

（一）面积与分布

四级地耕地面积 735.09hm^2，占锡林郭勒盟牧区耕地面积的 5.73%，除苏尼特右旗

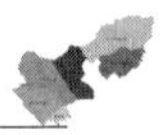

外，其他旗市均有分布。种植的作物以青贮玉米、马铃薯为主。

四级地人工草地面积 7 290.56hm^2，占牧区人工草地面积的 26.7%，分布在除二连浩特市外的其他各旗市。

（二）主要属性

四级地主要分布在高平地和低山丘陵区，面积分别为 3 376.5 hm^2 和 2 963.5 hm^2。各土壤类型中，栗钙土面积最大，为 5 351.5 hm^2，占 66.7%。四级地的成土母质以冲洪积物母质、残坡积物母质和砂砾岩母质为主，面积分别为 4 225.0 hm^2、1 390.2 hm^2 和 1 147.2 hm^2，共占四级地面积的 84.3%，质地以沙壤为主，面积 6 319.8 hm^2，占 78.7%。土壤养分含量见表 4-11。

表 4-11　四级地土壤养分含量

项目	含量范围	平均值
有机质（g/kg）	7.4～40.6	17.8
全氮（g/kg）	0.444～2.344	1.010
有效磷（mg/kg）	1.24～28.70	6.36
速效钾（mg/kg）	62～288	155
有效铁（mg/kg）	3.88～120.00	8.70
有效锰（mg/kg）	4.35～34.80	15.60
有效铜（mg/kg）	0.133～1.670	0.841
有效锌（mg/kg）	0.096～4.480	0.569
有效硼（mg/kg）	0.303～1.829	0.647
有效钼（mg/kg）	0.090～0.217	0.131

（三）生产性能与主要障碍因素

四级地的生产性能中等偏低，产量水平为 3 000～4 500kg/hm^2。主要障碍因素：一是有效土层和腐殖质层比较薄，地表砾石含量较高，耕性差，保水肥能力低；二是分布在坡地上的耕地水土流失比较严重，耕地地力下降。在改良利用上，可通过增施有机肥、秸秆还田等措施，提高土壤肥力，同时完善农田防护林建设，降低风蚀对土壤的侵害。

五、五级地

（一）面积与分布

五级地耕地面积 2 278.61 hm^2，占锡林郭勒盟牧区耕地面积的 17.8%；人工草地面积 3 854.02hm^2，占牧区人工草地面积的 14.1%。除阿巴嘎旗、东乌珠穆沁旗外，其他 5 个旗市均有分布，主要集中在苏尼特右旗，面积为 4 264.8 hm^2，占五级地面积的 69.5%，种植的作物以青贮玉米、饲草为主。

（二）主要属性

五级地的土壤类型以棕钙土为主，成土母质以泥质岩、砂砾岩母质和风积物母质为主；土壤质地以沙壤为主，面积 4 436.5hm^2，占五级地面积的 72.3%。土壤养分含量见

表4-12，有效钼的含量低于临界值。

表4-12　五级地土壤养分含量

项目	含量范围	平均值
有机质（g/kg）	5.5～29.9	13.8
全氮（g/kg）	0.358～1.85	0.899
有效磷（mg/kg）	1.58～21.70	8.02
速效钾（mg/kg）	71～272	146
有效铁（mg/kg）	4.39～124.00	5.20
有效锰（mg/kg）	4.81～34.40	16.20
有效铜（mg/kg）	0.131～1.593	0.877
有效锌（mg/kg）	0.102～2.490	0.539
有效硼（mg/kg）	0.204～1.577	0.551
有效钼（mg/kg）	0.090～0.178	0.130

（三）生产性能与主要障碍因素

五级地大部分所处的地形坡度较大，土层较薄，无灌溉条件，风蚀沙化严重，地表砾石含量高，漏水漏肥，生产性能差，土壤蓄水保墒保肥能力差，养分含量低，抵御自然灾害的能力差，产量低而不稳，遇到干旱大幅度减产甚至绝收，产量水平一般为1 500～3 000kg/hm^2。主要障碍因素是坡度大，易产生水土流失。因此，应加强有机肥施入，深耕深松，轮闲养地，种植绿肥，以养地为主进行合理轮作，提高土壤的蓄水保墒能力，防止水土流失，逐步改良培肥土壤。并以小流域为单元，进行生态综合治理。

第五章

耕地环境质量评价

2017年在锡林郭勒盟牧区七旗市的不同镇（苏木）建立定位监测点，对可能造成土壤污染的镉、汞、砷、铜、铅、铬的含量状况进行分析评价，为制订耕地及人工草地环境修复计划提供依据。

一、土壤污染评价标准

根据国家和有关行业部门制定的《土壤环境质量标准》（GB 15618—1995）、《绿色食品　产地环境质量》（NY/T 391—2013）等，将土壤环境分为以下3级标准。不同pH条件、不同利用方式的3级土壤污染物的含量标准见表5-1。

表5-1　耕地土壤单项指标评价标准

级别	pH	土壤污染物（mg/kg）					
		镉	汞	砷	铜	铅	铬
1级，优 （NY/T 391—2013）	<6.5	≤0.30	≤0.25	≤25	≤50	≤50	≤120
	6.5～7.5	≤0.30	≤0.30	≤20	≤60	≤50	≤120
	>7.5	≤0.40	≤0.35	≤20	≤60	≤50	≤120
2级，良	<6.5	≤0.30	≤0.30	≤40	≤50	≤100	≤150
	6.5～7.5	≤0.30	≤0.50	≤30	≤100	≤150	≤200
	>7.5	≤0.60	≤1.0	≤25	≤100	≤150	≤250
3级，不合格	<6.5	>0.30	>0.30	>40	>50	>100	>150
	6.5～7.5	>0.30	>0.50	>30	>100	>150	>200
	>7.5	>0.60	>1.0	>25	>100	>150	>250

二、评价指标分类

由于不同环境要素的各项指标对人体及生物的危害程度不同，如土壤中镉的生物学危害大于铜，因而把水、土等各环境要素的评价指标分为两类，一类为严控指标，另一类为一般控制指标（表5-2）。严控指标只要有一项超标即视为该级别不合格，应相应降级；一般控制指标若有一项或多项超标，只要综合污染指数小于1，可不降级，综合污染指数大于1时则降级。

表5-2　评价指标分类

环境要素	严控指标	一般控制指标
土壤	镉、汞、砷、铬	铜、铅

三、污染指数计算方法

（一）单因子污染指数计算

采用分指数法计算单因子污染指数，公式为：

$$P_i = C_i / S_i$$

式中，P_i 为单项污染指数；C_i 为某污染物实测值；S_i 为某污染物评价标准。

$P_i < 1$ 为未污染；$P_i > 1$ 为污染；P_i 越大污染越严重。

（二）多因子综合污染指数计算

采用内梅罗污染指数法计算多因子综合污染指数，公式为：

$$P_{综} = \sqrt{\frac{P_{i平均}^2 + P_{i\max}^2}{2}}$$

式中，$P_{综}$ 为综合污染指数；$P_{i平均}$ 为各单项污染指数的平均值；$P_{i\max}$ 为各单项污染指数的最大值。

（三）综合污染分级

根据综合污染指数大小，对污染程度进行分级，标准见表 5-3。

表 5-3　土壤综合污染分级标准

综合污染等级	综合污染指数	污染程度	污染水平
1	$P_{综} \leqslant 0.7$	安全	清洁
2	$0.7 < P_{综} \leqslant 1.0$	警戒限	尚清洁
3	$1.0 < P_{综} \leqslant 2.0$	轻污染	污染物超过起始污染后，开始污染作物
4	$2.0 < P_{综} \leqslant 3.0$	中污染	土壤和作物污染明显
5	$P_{综} > 3.0$	重污染	土壤和作物污染严重

四、评价结果

评价中，采集土样 22 个，分析土壤点、面源污染程度，牧区耕地及人工草地土壤重金属含量统计结果见表 5-4。

表 5-4　牧区土壤重金属含量分析统计结果

项目	pH	镉（mg/kg）	铅（mg/kg）	铬（mg/kg）	砷（mg/kg）	汞（mg/kg）	铜（mg/kg）
最大值	8.740	0.183	16.506	36.267	13.497	0.038	1.720
最小值	7.490	0.020	2.636	2.170	4.646	0.006	0.230
平均值	8.120	0.094	6.537	17.039	7.825	0.014	0.730
标准差	0.328	0.047	3.466	8.861	2.401	0.008	0.353
变异系数（%）	4.039	50.391	53.020	52.001	30.685	54.186	48.700

所有样点土壤重金属镉、铅、砷、铬、汞、铜含量的平均值及最大值都远低于《土壤环境质量标准》（GB 15618—1995）自然背景的极限值，属于一级标准；所有样点重金属含量均符合《绿色食品　产地环境质量》（NY/T 391—2013）的土壤环境质量要求。

同时根据土壤污染评价方法计算各样点的单因子污染指数和多因子综合污染指数，统计结果表明锡林郭勒盟牧区七旗市土壤污染调查的22个样点，单因子污染指数都小于1，最大值0.900；多因子综合污染指数均小于0.7，最大值为0.674，评价结果为1级标准，属于清洁水平，符合《绿色食品 产地环境质量》（NY/T 391—2013）的土壤条件标准（表5-5）。

表5-5 牧区土壤污染评价结果

序号	单因子污染指数（P_i）						多因子综合污染指数		
	镉	铅	铬	砷	汞	铜	$P_{i平均}$	$P_{i\max}$	$P_{综合}$
1	0.248	0.085	0.164	0.318	0.019	0.020	0.142	0.318	0.246
2	0.093	0.090	0.193	0.352	0.021	0.024	0.129	0.352	0.265
3	0.205	0.164	0.025	0.676	0.055	0.029	0.192	0.676	0.497
4	0.293	0.097	0.160	0.408	0.029	0.014	0.167	0.408	0.312
5	0.370	0.105	0.151	0.529	0.036	0.008	0.200	0.529	0.400
6	0.169	0.062	0.151	0.328	0.016	0.009	0.123	0.328	0.248
7	0.248	0.085	0.127	0.471	0.053	0.013	0.166	0.471	0.353
8	0.137	0.086	0.082	0.371	0.031	0.008	0.119	0.371	0.275
9	0.240	0.330	0.018	0.658	0.056	0.007	0.218	0.658	0.490
10	0.214	0.053	0.187	0.422	0.022	0.004	0.150	0.422	0.317
11	0.269	0.264	0.150	0.556	0.049	0.008	0.216	0.556	0.422
12	0.314	0.226	0.050	0.447	0.036	0.011	0.181	0.447	0.341
13	0.439	0.104	0.225	0.685	0.056	0.011	0.253	0.685	0.516
14	0.327	0.094	0.166	0.595	0.018	0.005	0.201	0.595	0.444
15	0.100	0.149	0.029	0.310	0.017	0.011	0.103	0.310	0.231
16	0.459	0.187	0.211	0.900	0.107	0.020	0.314	0.900	0.674
17	0.316	0.104	0.180	0.515	0.034	0.012	0.194	0.515	0.389
18	0.377	0.098	0.302	0.845	0.080	0.012	0.286	0.845	0.631
19	0.087	0.129	0.231	0.573	0.052	0.013	0.181	0.573	0.425
20	0.064	0.198	0.030	0.439	0.023	0.007	0.127	0.439	0.323
21	0.130	0.108	0.160	0.649	0.061	0.011	0.186	0.649	0.477
22	0.050	0.060	0.132	0.430	0.034	0.009	0.119	0.430	0.316

第六章

农田施肥现状

为摸清锡林郭勒盟牧区农牧民的施肥现状，统计分析了 2009—2015 年牧区七旗市 2 625 份农牧户的施肥调查资料。

第一节　有机肥施肥现状

有机肥可以为作物提供多种养分，具有培肥土壤、提高土壤肥力的作用，肥效表现为长、稳、缓的特点。锡林郭勒盟牧区有机肥主要是牛、羊粪肥和堆沤肥。施用有机肥农牧户数量少，施用水平低。农牧户水地施用有机肥的占 20.8%，每 667m^2 平均用量 1 320kg；旱地施用有机肥的占 26.5%，每 667m^2 平均用量 1 220kg。牧区除西瓜有机肥施肥占比较大外，其他作物有机肥施肥占比很小（表 6-1）。

表 6-1　牧区主要作物有机肥施肥现状

作物	灌溉情况	调查样本数（个）	不施肥数（个）	施肥数（个）	施肥占比（%）	每 667m^2 平均用量（kg）
大麦	水地	68	68	0	0	0
马铃薯	水地	304	226	78	25.7	1 359
苜蓿	水地	38	26	12	31.6	500
青谷子	旱地	28	20	8	28.6	1 000
	水地	5	0	5	100	1 000
青莜麦	旱地	26	26	0	0	0
青贮玉米	旱地	185	137	48	26	1 303
	水地	1 705	1 321	384	22.5	1 356
西瓜	水地	36	20	16	44.4	1 000
小麦	水地	69	69	0	0	0
莜麦	旱地	10	0	10	100	1 000
	水地	151	151	0	0	0
合计/平均	旱地	249	183	66	26.5	—
	水地	2 376	1 881	495	20.8	—

不同旗市之间，有机肥施用情况也有差异。镶黄旗和苏尼特右旗有机肥施肥占比相对较高，每 667m^2 平均用量也相对较大（表 6-2）。

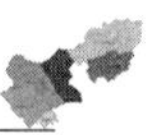

表 6-2　牧区各旗市有机肥施肥现状

旗市	灌溉情况	不施肥数（个）	施肥数（个）	施肥占比（%）	每 667m² 平均用量（kg）
阿巴嘎旗	水地	140	59	29.7	2 000.0
东乌珠穆沁旗	水地	539	0	0.0	0.0
二连浩特市	旱地	10	0	0.0	0.0
	水地	133	68	33.8	1 323.0
苏尼特右旗	旱地	127	23	15.3	1 500.0
	水地	184	166	47.4	1 222.9
苏尼特左旗	水地	167	98	37.0	1 117.4
西乌珠穆沁旗	水地	584	0	0.0	0.0
镶黄旗	旱地	46	43	48.3	1 069.8
	水地	134	104	43.7	1 278.9
合计/平均	旱地	183	66	26.5	—
	水地	1881	495	20.8	—

第二节　化肥施肥现状及施用水平

化肥是农业生产中重要的农业生产资料，对提高作物产量、增加农牧民收入起到积极的作用。

一、氮肥施肥现状及施用水平

根据调查，统计分析了牧区不同区域、不同作物氮肥施用现状及施肥水平。牧区氮肥的施用品种主要有尿素、碳酸氢铵及含氮复混肥。水地氮肥每 667m² 用量显著高于旱地，水地作物有 82.1%的地块施氮肥，每 667m² 平均用量 6.3kg；旱地有 19.7%的地块施氮肥，每 667m² 平均用量 1.7kg（表 6-3）。

不同作物氮肥用量差异较大，马铃薯氮肥用量最高，每 667m² 平均用量 21.8kg（表 6-3）。

表 6-3　牧区主要作物氮肥施肥现状

作物	灌溉情况	调查样本数（个）	不施肥数（个）	施肥数（个）	施肥占比（%）	每 667m² 平均用量（kg）
大麦	水地	68	0	68	100.0	1.8
马铃薯	水地	304	22	282	92.8	21.8
苜蓿	水地	38	16	22	57.9	1.8
青谷子	旱地	28	8	20	71.4	0.9
	水地	5	5	0	0.0	0.0
青莜麦	旱地	26	26	0	0.0	0.0

（续）

作物	灌溉情况	调查样本数（个）	不施肥数（个）	施肥数（个）	施肥占比（%）	每 $667m^2$ 平均用量（kg）
青贮玉米	旱地	185	156	29	15.7	2.3
	水地	1 705	382	1 323	77.6	3.9
西瓜	水地	36	0	36	100.0	1.8
小麦	水地	69	0	69	100.0	1.8
莜麦	旱地	10	10	0	0.0	0.0
	水地	151	0	151	100.0	4.2
合计/平均	旱地	249	200	49	19.7	—
	水地	2 376	425	1 951	82.1	—

不同旗市氮肥用量有一定的差异，东乌珠穆沁旗、西乌珠穆沁旗、二连浩特市的地块普遍施用氮肥，其中二连浩特市水地氮肥用量相对较高，每 $667m^2$ 平均用量 12.4kg，其他旗市水地氮肥每 $667m^2$ 平均用量均低于 10kg。所有旗市旱地作物氮肥每 $667m^2$ 平均用量均低于 2.3kg（表 6-4）。

表 6-4　牧区各旗市氮肥施肥现状

旗市	灌溉情况	调查样本数（个）	不施肥数（个）	施肥数（个）	施肥占比（%）	每 $667m^2$ 平均用量（kg）
阿巴嘎旗	水地	199	59	140	70.4	3.6
东乌珠穆沁旗	水地	539	14	525	97.4	8.5
二连浩特市	旱地	10	10	0	0.0	0.0
	水地	201	12	189	94.0	12.4
苏尼特右旗	旱地	150	121	29	19.3	2.3
	水地	350	111	239	68.3	5.3
苏尼特左旗	水地	265	107	158	59.6	4.2
西乌珠穆沁旗	水地	584	1	583	99.8	3.9
镶黄旗	旱地	89	69	20	22.5	0.9
	水地	238	121	117	49.2	6.3
合计/平均	旱地	249	200	49	19.7	—
	水地	2 376	425	1 951	82.1	—

二、磷肥施肥现状及施用水平

牧区施用的磷肥主要有磷酸二铵及含磷复混肥，磷肥主要是做种肥一次性施入。在调查农牧户中，水浇地中有 81.7%的地块施磷肥，每 $667m^2$ 平均用量 6.1kg；旱地有

19.7%的地块施磷肥，每 667m² 平均用量 3.2kg。施磷肥比例高的作物是水地马铃薯，其磷肥每 667m² 平均用量也最高，为 15.8kg（表 6-5）。

表 6-5　牧区主要作物磷肥施肥现状

作物	灌溉情况	调查样本数（个）	不施肥数（个）	施肥数（个）	施肥占比（%）	每 667m² 平均用量（kg）
大麦	水地	68	0	68	100.0	4.6
马铃薯	水地	304	22	282	92.8	15.8
苜蓿	水地	38	16	22	57.9	4.6
青谷子	旱地	28	8	20	71.4	2.3
	水地	5	5	0	0.0	0.0
青莜麦	旱地	26	26	0	0.0	0.0
青贮玉米	旱地	185	156	29	15.7	3.8
	水地	1 705	392	1 313	77.0	4.4
西瓜	水地	36	0	36	100.0	4.6
小麦	水地	69	0	69	100.0	4.6
莜麦	旱地	10	10	0	0.0	0.0
	水地	151	1	150	99.3	4.7
合计/平均	旱地	249	200	49	19.7	—
	水地	2 376	436	1 940	81.7	—

水地磷肥用量高于旱地，水地中施磷肥较多的地区是东乌珠穆沁旗和二连浩特市，每 667m² 平均用量分别是 7.5kg 和 10kg，其他地区磷肥每 667m² 平均用量均低于 5.5kg，牧区旱地磷肥每 667m² 平均用量均低于 3.8kg（表 6-6）。

表 6-6　牧区各旗市磷肥施肥现状

旗市	灌溉情况	调查样本数（个）	不施肥数（个）	施肥数（个）	施肥占比（%）	每 667m² 平均用量（kg）
阿巴嘎旗	水地	199	59	140	70.4	5.5
东乌珠穆沁旗	水地	539	14	525	97.4	7.5
二连浩特市	旱地	10	10	0	0.0	0.0
	水地	201	12	189	94.0	10.0
苏尼特右旗	旱地	150	121	29	19.3	3.8
	水地	350	121	229	65.4	4.2
苏尼特左旗	水地	265	107	158	59.6	5.0
西乌珠穆沁旗	水地	584	2	582	99.7	5.2
镶黄旗	旱地	89	69	20	22.5	2.3
	水地	238	121	117	49.2	4.4
合计/平均	旱地	249	200	49	19.7	—
	水地	2 376	436	1 940	81.7	—

三、钾肥施肥现状及施用水平

锡林郭勒盟牧区钾肥用量较少，有 17.3%的地块施用钾肥，且都在水地上施用，钾肥每 667m² 平均用量 10.5kg。施钾肥作物只有马铃薯和青贮玉米，马铃薯钾肥施用比例及施肥量均高于青贮玉米（表 6-7）。

表 6-7　牧区主要作物钾肥施肥现状

作物	灌溉情况	调查样本数（个）	不施肥数（个）	施肥数（个）	施肥占比（%）	每 667m² 平均用量（kg）
大麦	水地	68	68	0	0.0	0.0
马铃薯	水地	304	28	276	90.8	15.0
苜蓿	水地	38	38	0	0.0	0.0
青谷子	旱地	28	28	0	0.0	0.0
	水地	5	5	0	0.0	0.0
青莜麦	旱地	26	26	0	0.0	0.0
青贮玉米	旱地	185	185	0	0.0	0.0
	水地	1 705	1 569	136	8.0	1.5
西瓜	水地	36	36	0	0.0	0.0
小麦	水地	69	69	0	0.0	0.0
莜麦	旱地	10	10	0	0.0	0.0
	水地	151	151	0	0.0	0.0
合计/平均	旱地	249	249	0	0.0	—
	水地	2 376	1 964	412	17.3	—

水地中钾肥用量相对较高的地区是阿巴嘎旗，每 667m² 平均用量 24.7kg；其次是二连浩特市，每 667m² 平均用量 17.4kg；苏尼特右旗水地每 667m² 平均用量 10.5kg；其他旗市水地钾肥每 667m² 平均用量均低于 10kg。牧区各旗市旱地均不施钾肥（表 6-8）。

表 6-8　牧区各旗市钾肥施肥现状

旗市	灌溉情况	调查样本数（个）	不施肥数（个）	施肥数（个）	施肥占比（%）	每 667m² 平均用量（kg）
阿巴嘎旗	水地	199	193	6	3.0	24.7
东乌珠穆沁旗	水地	539	261	278	51.6	9.2
二连浩特市	旱地	10	10	0	0.0	0.0
	水地	201	135	66	32.8	17.4
苏尼特右旗	旱地	150	150	0	0.0	0.0
	水地	350	330	20	5.7	10.5
苏尼特左旗	水地	265	243	22	8.3	7.5
西乌珠穆沁旗	水地	584	584	0	0.0	0.0

（续）

旗市	灌溉情况	调查样本数（个）	不施肥数（个）	施肥数（个）	施肥占比（%）	每 $667m^2$ 平均用量（kg）
镶黄旗	旱地	89	89	0	0.0	0.0
	水地	238	218	20	8.4	6.0
合计/平均	旱地	249	249	0	0.0	—
	水地	2 376	1 964	412	17.3	—

四、主要作物化肥施肥比例

大麦、苜蓿、旱地青谷子、旱地青贮玉米、水地青贮玉米、西瓜、小麦、水地莜麦、水地马铃薯氮（N）、磷（P_2O_5）、钾（K_2O）施肥比例（N∶P_2O_5∶K_2O）分别为1∶2.6∶0.0、1∶2.6∶0.0、1∶2.6∶0.0、1∶1.7∶0.0、1∶1.1∶0.0、1∶2.6∶0.0、1∶2.6∶0.0、1∶1.1∶0.0和1∶0.7∶0.7。从统计数据可以看出，牧区作物施肥结构不够合理，钾肥施用比例低。

第七章

施肥指标体系建立

施肥指标体系建立是以2009—2011年锡林郭勒盟牧区主栽作物青贮玉米、喷灌圈马铃薯上开展的“3414”肥料肥效试验为基础，建立作物施肥模型、计算丰缺指标及经济合理施肥量，并确定主要的技术参数，用于指导农业生产和农牧民科学施肥。

第一节 田间试验设计与实施

一、“3414”试验设计

“3414”试验设计，即氮、磷、钾3个因素、4个水平、14个处理。14个处理分别指N0P0K0、N0P2K2、N1P2K2、N2P0K2、N2P1K2、N2P2K2、N2P3K2、N2P2K0、N2P2K1、N2P2K3、N3P2K2、N1P1K2、N1P2K1、N2P1K1。处理中的0、1、2、3指氮、磷、钾肥的4个施肥水平，0水平指不施肥，2水平指当地推荐施肥量，1水平=2水平×0.5，3水平=2水平×1.5（表7-1、表7-2）。

表7-1 “3414”肥料肥效试验处理

试验编号	处理	N	P	K
1	N0P0K0	0	0	0
2	N0P2K2	0	2	2
3	N1P2K2	1	2	2
4	N2P0K2	2	0	2
5	N2P1K2	2	1	2
6	N2P2K2	2	2	2
7	N2P3K2	2	3	2
8	N2P2K0	2	2	0
9	N2P2K1	2	2	1
10	N2P2K3	2	2	3
11	N3P2K2	3	2	2
12	N1P1K2	1	1	2
13	N1P2K1	1	2	1
14	N2P1K1	2	1	1

表 7-2　“3414”肥料肥效试验 2 水平施肥量

作物	每 667m² 施肥量（kg）		
	N	P_2O_5	K_2O
青贮玉米	12	6	3
喷灌圈马铃薯	27	22	13

试验布设在牧区高、中、低不同土壤肥力水平的地块上。地块的肥力水平根据土壤分析化验结果和前 3 年的作物平均产量水平确定。

青贮玉米和喷灌圈马铃薯“3414”试验小区面积均为 $32m^2$（8m×4m），小区采用随机排列，各试验小区除施肥数量外，其他管理措施完全一致。氮肥全部选用尿素（含氮量 46%），磷肥选用重过磷酸钙（含磷 50%），钾肥选用硫酸钾（含钾 50%）。全部磷、钾肥及 50%氮肥作为底肥，采取沟施（穴施）方法均匀一次性施入，剩余的 50%氮肥在中耕培土时作为追肥施入，及时配合浇水。

二、三区对比试验设计

三区对比试验设 3 个处理，即空白区、常规施肥区、配方施肥区。青贮玉米常规施肥区施肥品种和数量分别为磷酸二铵 150kg/hm²，尿素 225 kg/hm²，氯化钾 60 kg/hm²；配方施肥区的施肥品种和数量分别为配方肥（21∶17∶7）450 kg/hm²，尿素 75 kg/hm²。试验不设重复。

三、取样测试

每个试验地块在播种施肥前取一个耕层混合土样，分析化验土壤 pH 及有机质、全氮、碱解氮、有效磷、速效钾含量。分别在“3414”试验的高、中、低不同肥力水平的地块上各选择 1 个典型试验，所选试验的所有小区全部采集完整的植株样品，干燥后分经济器官和茎叶（包含其他非果实部分）计算单位面积的干重；选取典型完整植株的经济器官和茎叶（包含其他非果实部分）分别粉碎保存，测定氮、磷、钾含量，用于计算作物对养分的吸收量。

四、收获测产

收获时去除边行，按小区单打、单收、单计产，折算出单位面积作物产量。

第二节　土壤养分丰缺指标体系建立

土壤养分丰缺指标法是利用土壤养分测定值和作物吸收养分之间存在的相关性，通过田间试验，把土壤养分测定值以一定的级差分等，制成养分丰缺和应施肥料数量检索表，获取土壤测定值后，可以对照检索表，按级确定肥料用量。

一、土壤养分丰缺指标建立过程

1. 开展田间试验　先针对具体作物种类，在各种不同养分含量土壤上进行氮、磷、钾肥料的全肥区和不施氮、磷、钾中的某一种养分的缺素区的作物产量对比试验。

2. 计算作物相对产量 作物相对产量是指各对比试验中缺素区作物产量占全肥区作物产量的百分比。计算公式如下：

$$\text{相对产量}=\frac{\text{缺素区作物产量}}{\text{全肥区作物产量}}\times 100\%$$

其中缺氮区作物产量采用“3414”肥料肥效试验处理 2（N0P2K2）的产量，缺磷区产量为处理 4（N2P0K2）的产量，缺钾区产量为处理 8（N2P2K0）的产量，全肥区产量用处理 6（N2P2K2）的产量进行计算。

3. 建立土壤养分分级标准 土壤中大、中、微量元素以相对产量划分土壤养分丰缺指标。把相对产量划分为＜50%、50%～＜65%、65%～＜75%、75%～＜90%、90%～＜95%、≥95% 六个等级，对应的丰缺指标分别为极低、低、中、高、较高、极高。将各试验点的土壤养分含量测定值依据上述标准分组，确定养分含量丰缺指标。

二、主要作物丰缺指标体系建立

根据牧区主栽作物青贮玉米、喷灌圈马铃薯的“3414”肥料肥效试验结果，建立最佳施肥量与土壤养分测定值（土测值）回归函数模型及丰缺指标（表 7-3、表 7-4）。函数模型中，y 为最佳施肥量，x 为土测值，R^2 为决定系数。

表 7-3 青贮玉米、喷灌圈马铃薯最佳施肥量与土测值函数模型

作物	养分	最佳施肥量与土测值的函数模型	R^2
青贮玉米	N	$y=-9.4863\ln x+14.618$	0.334 5
	P_2O_5	$y=-1.7615\ln x+8.5791$	0.652 6
	K_2O	$y=-3.3361\ln x+19.021$	0.999 9
喷灌圈马铃薯	N	$y=-17.123\ln x+32.104$	0.549 8
	P_2O_5	$y=-2.3346\ln x+21.719$	0.693 2
	K_2O	$y=-8.2584\ln x+49.426$	0.760 1

表 7-4 主要作物养分丰缺指标

作物	土壤养分	相对产量					
		＜50% 极低	50%～＜65% 低	65%～＜75% 中	75%～＜90% 高	90%～＜95% 较高	≥95% 极高
喷灌圈马铃薯	全氮 (g/kg)	＜1.11	1.11～＜1.35	1.35～＜1.54	1.54～＜1.88	1.88～＜2.00	≥2.00
	有效磷 (mg/kg)	＜3.80	3.80～＜6.40	6.40～＜9.20	9.20～＜15.70	15.70～＜18.80	≥18.80
	速效钾 (mg/kg)	＜56	56～＜83	83～＜107	107～＜157	157～＜179	≥179

（续）

作物	土壤养分	相对产量					
		<50% 极低	50%～<65% 低	65%～<75% 中	75%～<90% 高	90%～<95% 较高	≥95% 极高
青贮玉米	全氮（g/kg）	<1.23	1.23～<1.62	1.62～<1.95	1.95～<2.57	2.57～<2.82	≥2.82
	有效磷（mg/kg）	<3.40	3.40～<6.62	6.62～<10.32	10.32～<20.09	20.09～<25.08	≥25.08
	速效钾（mg/kg）	<43	43～<69	69～<94	94～<149	149～<174	≥174

三、确定经济合理施肥量

制定不同养分丰缺指标下的最佳施肥量，是利用多点试验数据，建立作物最佳施氮量与土壤全氮测定值、最佳施磷量与土壤有效磷测定值、最佳施钾量与土壤速效钾测定值的对数相关关系，利用最佳施肥量和土测值的关系计算不同丰缺指标下的经济合理施肥量（表 7-5、表 7-6）。

表 7-5　不同丰缺指标下青贮玉米经济合理施肥量

养分	丰缺程度	丰缺指标	每 667m² 经济合理施肥量（kg）
全氮（g/kg）	极低	<1.23	>12.48
	低	1.23～<1.62	>8.74～12.48
	中	1.62～<1.95	>6.24～8.74
	高	1.95～<2.57	>2.50～6.24
	较高	2.57～<2.82	>1.25～2.50
	极高	≥2.82	≤1.25
有效磷（mg/kg）	极低	<3.40	>6.42
	低	3.40～<6.62	>5.25～6.42
	中	6.62～<10.32	>4.47～5.25
	高	10.32～<20.09	>3.29～4.47
	较高	20.09～<25.08	>2.9～3.29
	极高	≥25.08	≤2.9
速效钾（mg/kg）	极低	<76	>4.60
	低	76～<116	>3.15～4.60
	中	116～<155	>2.8～3.15
	高	155～<239	>1.9～2.8
	较高	239～<276	>0.74～1.90
	极高	≥276	≤0.74

表 7-6 不同丰缺指标下喷灌圈马铃薯经济合理施肥量

养分	丰缺程度	丰缺指标	每 667m² 经济合理施肥量（kg）
全氮（g/kg）	极低	<1.11	>15.1
	低	1.11～<1.35	>13.5～15.1
	中	1.35～<1.54	>12.3～13.5
	高	1.54～<1.88	>11.6～12.3
	较高	1.88～<2.00	>10.1～11.6
	极高	≥2.00	≤10.1
有效磷（mg/kg）	极低	<3.8	>9.4
	低	3.8～<6.4	>8.7～9.4
	中	6.4～<9.2	>8.3～8.7
	高	9.2～<15.7	>7.7～8.3
	较高	15.7～<18.8	>7.0～7.7
	极高	≥18.8	≤7.0
速效钾（mg/kg）	极低	<56	>8.0
	低	56～<83	>6.9～8.0
	中	83～<107	>5.8～6.9
	高	107～<157	>3.7～5.8
	较高	157～<179	>3.2～3.7
	极高	≥179	≤3.2

四、施肥技术参数总结

（一）单位经济产量吸收养分量

利用秋季测产时的植株取样分析结果，计算各年度不同肥力水平下试验点的每一个小区的单位经济产量吸收的 N、P_2O_5、K_2O 量，求其平均值，同时按照 N2P2K2 处理产量高低进行分段，将每个产量段下的 N2P2K2 处理的单位经济产量吸收的 N、P_2O_5、K_2O 数量取平均值。单位经济产量吸收养分量计算的基本公式为：

$$\text{100kg 经济产量吸收养分量}=\frac{\text{经济产量}\times\text{经济器官中元素含量（\%）}+\text{茎叶产量}\times\text{茎叶中元素含量（\%）}}{\text{经济产量}}\times 100$$

从表 7-7 中可看出，随着产量水平的提高，青贮玉米形成 100kg 经济产量吸收的 N 量呈上升趋势，而吸收的 P_2O_5、K_2O 量呈下降趋势。形成 100kg 青贮玉米经济产量吸收的 N、P_2O_5、K_2O 量平均值分别为 0.490kg、0.150kg、2.560kg。形成 100kg 马铃薯经济产量吸收的 N、P_2O_5、K_2O 量平均值分别为 2.473kg、0.184kg、1.983kg（表 7-7）。

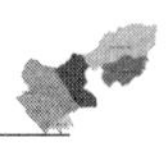

表 7-7 不同产量水平下单位经济产量吸收养分量

作物	产量级别	试验数量（个）	100kg 经济产量吸收养分量（kg）		
			N	P_2O_5	K_2O
青贮玉米	高	10	0.56	0.135	2.17
	中	10	0.50	0.13	2.52
	低	10	0.40	0.19	3.00
平均值	—	10	0.490	0.150	2.560
马铃薯	高	6	2.539	0.168	2.58
	中	6	2.473	0.208	1.86
	低	6	2.408	0.176	1.51
平均值	—	6	2.473	0.184	1.983

（二）不同丰缺指标下土壤养分校正系数

利用土壤有效养分测定值计算土壤为作物提供的养分量时，必须要使用土壤养分校正系数。因为有效养分测定值是一个相对数值，只有乘以土壤养分校正系数才能表达土壤“真实”提供的养分量。土壤养分校正系数计算可利用以下公式：

$$\text{土壤养分校正系数}=\frac{\text{缺素区每 }667\text{m}^2\text{ 作物吸收的养分量（kg）}}{\text{土壤有效养分测定值（mg/kg）}\times 0.15}$$

$$\text{缺素区作物吸收养分量}=\text{缺素区产量}\times\text{单位产量吸收养分量}$$

在计算氮、磷、钾校正系数时，缺素区产量分别用 N0P2K2、N2P0K2、N2P2K0 处理的产量；单位产量吸收养分量用 N2P2K2 处理确定的单位产量吸收 N、P_2O_5、K_2O 养分量。

同一作物由于不同土壤全氮、有效磷、速效钾含量不同，其养分校正系数也不同。试验分析显示：青贮玉米全氮校正系数为 0.01～0.039，有效磷校正系数为 1.159～4.284，速效钾校正系数为 0.668～1.450；土壤全氮、有效磷、速效钾多年多点平均校正系数分别为 0.024、2.812 和 0.934（表 7-8）。马铃薯全氮校正系数为 0.074～0.087，有效磷校正系数为 1.470～6.210，速效钾校正系数为 0.667～1.134；土壤全氮、有效磷、速效钾多年多点平均校正系数分别为 0.081、4.212 和 1.008（表 7-9）。

表 7-8 青贮玉米多点试验土壤养分校正系数

试验点编号	土壤养分含量			全氮校正系数	有效磷校正系数	速效钾校正系数
	全氮（g/kg）	有效磷（mg/kg）	速效钾（mg/kg）			
1	1.34	8.3	230	0.015	2.223	0.875
2	0.92	5.5	110	0.039	3.084	1.450
3	1.49	3.8	190	0.010	3.857	1.024
4	0.92	3.1	180	0.039	4.284	1.066
5	1.46	8.9	290	0.010	2.076	0.694
6	1.20	13.8	300	0.022	1.159	0.668
7	1.24	6.2	280	0.020	2.833	0.721

（续）

试验点编号	土壤养分含量			全氮校正系数	有效磷校正系数	速效钾校正系数
	全氮（g/kg）	有效磷（mg/kg）	速效钾（mg/kg）			
8	1.03	3.9	220	0.032	3.803	0.909
9	1.23	10.5	260	0.021	1.730	0.779
10	1.04	4.8	160	0.031	3.069	1.158
平均	1.187	6.88	222	0.024	2.812	0.934

表 7-9　喷灌圈马铃薯多点试验土壤养分校正系数

试验点编号	土壤养分含量			全氮校正系数	有效磷校正系数	速效钾校正系数
	全氮（g/kg）	有效磷（mg/kg）	速效钾（mg/kg）			
1	1.52	6.25	135	0.087	4.307	0.942
2	1.62	3.2	115	0.084	6.210	1.134
3	1.57	5.3	115	0.085	6.210	1.134
4	1.95	12.65	170	0.074	2.302	0.667
5	1.82	16.95	115	0.077	1.470	1.134
6	1.77	13.1	125	0.079	4.775	1.034
平均	1.71	9.58	129	0.081	4.212	1.008

（三）土壤养分校正系数的相关分析

利用多年多点试验的土壤有效养分测定值和校正系数的成对数据，分别求取土壤全氮校正系数与土壤全氮含量、土壤有效磷校正系数与土壤有效磷含量、土壤速效钾校正系数与土壤速效钾含量的指数函数，结果见表 7-10。

表 7-10 表明，土壤养分校正系数与土壤养分测定值具有良好的相关性。相关函数的建立，可以实现通过土壤有效养分的测定计算养分校正系数的目的，这样既方便生产中的应用，又使确定的校正系数更准确。

表 7-10　土壤有效养分校正系数与土壤养分相关性

作物	养分	相关方程	R^2	p
青贮玉米	全氮（$n=10$）	$y=0.4001e^{-2.4052x}$	0.823 4	<0.01
	有效磷（$n=10$）	$y=5.3513e^{-0.1047x}$	0.787 4	<0.01
	速效钾（$n=10$）	$y=2.2258e^{-0.0043x}$	0.802 0	<0.01
喷灌圈马铃薯	全氮（$n=6$）	$y=0.153e^{-0.3746x}$	0.666 8	<0.01
	有效磷（$n=6$）	$y=7.2984e^{-0.0855x}$	0.764 5	<0.01
	速效钾（$n=6$）	$y=3.2424e^{-0.0092x}$	0.848 3	<0.01

注：表中 x 代表土壤养分测定值，y 代表土壤养分校正系数。

(四) 肥料利用率

肥料利用率利用差减法计算，基本方法为：

$$肥料利用率=\frac{\frac{施肥区每667m^2}{农作物吸收养分量}(kg)-\frac{缺素区每667m^2}{农作物吸收养分量}(kg)}{肥料养分每667m^2施用量(kg)}\times 100\%$$

将不同年度的青贮玉米、喷灌圈马铃薯试验结果平均后，计算肥料利用率及经济参数，结果见表7-11至表7-16。

青贮玉米的磷肥利用率随着施磷肥量的升高而降低，而氮肥和钾肥利用率随施肥量的增加逐渐提高，平均利用率分别为27.7%、20.7%和32.3%（表7-11至表7-13）。

表7-11　青贮玉米氮肥利用率及其他施肥参数

养分	处理	N0P0K0	N0P2K2	N1P2K2	N2P2K2	N3P2K2	平均
N ($n=10$)	每667m² 施N量（kg）	0	0	6	12	18	12
	每667m² 产量（kg）	3 378	3 669	4 256	4 709	4 616	4 126
	增产率（%）	—	—	16.0	28.3	25.8	23.4
	养分增产（kg/kg）	—	—	97.8	86.7	52.6	79.0
	养分利用率（%）	—	—	26.7	27.7	28.7	27.7

表7-12　青贮玉米磷肥利用率及其他施肥参数

养分	处理	N0P0K0	N2P0K2	N2P1K2	N2P2K2	N2P3K2	平均
P_2O_5 ($n=10$)	每667m² 施P_2O_5量（kg）	0	0	3	6	9	6
	每667m² 产量（kg）	2 147	3 848	4 125	4 709	4 278	3 821
	增产率（%）	—	—	7.2	22.4	10.1	13.2
	养分增产（kg/kg）	—	—	92.3	143.5	47.8	94.5
	养分利用率（%）	—	—	24.7	20.7	16.7	20.7

表7-13　青贮玉米钾肥利用率及其他施肥参数

养分	处理	N0P0K0	N2P2K0	N2P2K1	N2P2K2	N2P2K3	平均
K_2O ($n=10$)	每667m² 施K_2O量（kg）	0	0	1.5	3	4.5	3
	每667m² 产量（kg）	2 147	4 228	4 485	4 709	4 611	4 036
	增产率（%）	—	—	5.7	10.2	8.3	8.1
	养分增产（kg/kg）	—	—	171.3	160.3	85.1	138.9
	养分利用率（%）	—	—	23.3	32.3	41.3	32.3

喷灌圈马铃薯氮肥、磷肥、钾肥的利用率随着施氮、磷、钾肥用量的升高而降低，平均利用率分别为22.4%、10.0%和36.0%（表7-14至表7-16）。

表7-14 喷灌圈马铃薯氮肥利用率及其他施肥参数

养分	处理	N0P0K0	N0P2K2	N1P2K2	N2P2K2	N3P2K2	平均
N ($n=6$)	每667m² 施N量（kg）	0	0	13.5	27	40.5	27
	每667m² 产量（kg）	2 596	2 891	3 148	3 370	3 284	3 058
	增产率（%）	—	—	8.9	16.6	13.6	13.0
	养分增产（kg/kg）	—	—	19	18	10	15
	养分利用率（%）	—	—	32.4	22.4	12.5	22.4

表7-15 喷灌圈马铃薯磷肥利用率及其他施肥参数

养分	处理	N0P0K0	N2P0K2	N2P1K2	N2P2K2	N2P3K2	平均
P_2O_5 ($n=6$)	每667m² 施P_2O_5量（kg）	0	0	11	22	33	22
	每667m² 产量（kg）	2 596	2 912	3 300	3 370	3 185	3 073
	增产率（%）	—	—	13.3	15.7	9.4	12.8
	养分增产（kg/kg）	—	—	35.0	21.0	8.0	21.0
	养分利用率（%）	—	—	14.0	10.0	6.0	10.0

表7-16 喷灌圈马铃薯钾肥利用率及其他施肥参数

养分	处理	N0P0K0	N2P2K0	N2P2K1	N2P2K2	N2P2K3	平均
K_2O ($n=6$)	每667m² 施K_2O量（kg）	0	0	6.5	13	19.5	13
	每667m² 产量（kg）	2 596	2 886	3 066	3 370	3 201	3 024
	养分增产（kg/kg）	—	—	28.0	37.0	16.0	27.0
	养分利用率（%）	—	—	54.4	36.0	17.6	36.0

（五）土壤贡献率

土壤贡献率大小反映了在施肥条件下，作物产量对土壤的依赖程度。通常土壤肥力越高，土壤的贡献率越大，施用肥料的增产率越低。

土壤贡献率计算公式为：

$$土壤贡献率=\frac{N0P0K0\ 产量}{最高产量}\times 100\%$$

不同试验点青贮玉米、喷灌圈马铃薯的土壤贡献率见表7-17。从表中可知，青贮玉米土壤贡献率为24.56%～50.79%，平均为36.54%；喷灌圈马铃薯土壤贡献率为40%～54.9%，平均为48.46%。可见牧区耕地的土壤肥力处于中等偏低水平。

表 7-17　青贮玉米和喷灌圈马铃薯土壤贡献率

作物	试验年度	试验点编号	试验处理及编号		土壤贡献率（%）
			N0P0K0	N2P2K2	
青贮玉米	2009	1	2 400.0	6 133.6	39.13
		2	1 955.6	5 378.0	36.36
		3	2 844.6	5 600.2	50.79
		4	933.4	3 555.7	26.25
		5	1 422.2	4 444.7	32.00
		6	1 244.5	5 066.9	24.56
		7	2 400.1	6 800.3	35.29
		8	3 377.9	7 600.4	44.44
		9	3 466.8	9 067.1	38.23
		10	1 422.3	5 100.0	27.89
平均			2 146.7	5 874.7	36.54
喷灌圈马铃薯	2010	1	1 980	3 960.0	50.00
		2	1 848	4 092.0	45.16
		3	2 277	4 488.0	50.74
		4	2 145	4 323.0	49.62
		5	1 650	4 125.0	40.00
		6	2 310	4 207.5	54.90
平均			2 035	4 199.3	48.46

（六）目标产量与基础产量的相关分析

目标产量即计划产量，是确定施肥量的主要依据。目标产量是根据土壤肥力水平确定的，因为土壤肥力是决定产量的基础。目标产量的确定通常用经验公式来表达。通过在不同肥力水平条件下进行多点试验，获得大量成对产量数据，以空白区产量（x）为土壤肥力指标，并作为自变量；以最经济产量（或最高产量，y）为因变量，求得一元一次方程的经验公式如下：

$$y=a+bx \quad 或 \quad y=\frac{x}{a+bx}$$

从这两种模型中选拟合性能好的一种应用。

两种函数模型中双曲线函数的拟合程度较好，但直线型函数在生产实际中应用起来比较简便，因此选用两种函数模型都可以应用。

通过最高产量与基础产量之间函数的建立，可以实现通过地力基础产量确定目标产量的目的（表 7-18）。

表 7-18　目标产量与基础产量函数关系

作　物	函数名称	函数关系	R^2
青贮玉米	直　线（n=10）	y=358.02+1.2937x	0.6954

（续）

作　物	函数名称	函数关系	R^2
喷灌圈马铃薯	直　线（$n=6$）	$y=252.6+1.3975x$	0.708

注：x 代表基础产量，y 代表目标产量。

（七）无肥区产量的确定

无肥区产量即缺素区产量，它不等同于基础产量。对“3414”试验来讲，无氮区为处理 2（N0P2K2）、无磷区为处理 4（N2P0K2）、无钾区为处理 8（N2P2K0），每个无肥区都是克服了其他限制因子，产量水平能够真正反映土壤对这种养分的供应能力。

通过对无肥区产量与目标产量函数关系的模拟，分别建立了线性、对数、幂函数、指数 4 种模型（表 7-19），通过模型选优，最后选用线性方程来模拟无肥区产量与目标产量的关系。此函数式的建立，为确定目标产量和无肥区产量提供了便利。通过基础产量可确定目标产量，有了目标产量又可以确定无肥区产量。

表 7-19　无肥区产量与目标产量的相关关系

作物	无肥区	函数关系	R^2	p
青贮玉米	无氮区（$n=10$）	$y=0.7004x+3575.4$	0.879 9	<0.01
		$y=1780.9\ln x-8417.9$	0.752 5	<0.01
		$y=499.73x^{0.3055}$	0.797 1	<0.01
		$y=3945.3e^{0.0001x}$	0.856 8	<0.01
	无磷区（$n=10$）	$y=0.8675x+2833.5$	0.845 8	<0.01
		$y=2916.8\ln x-17657$	0.764 3	<0.01
		$y=134.58x^{0.4655}$	0.839 9	<0.01
		$y=3578.3e^{0.0001x}$	0.895 6	<0.01
	无钾区（$n=10$）	$y=1.3102x+768.15$	0.870 6	<0.01
		$y=5332.5\ln x-38056$	0.841 2	<0.01
		$y=5.5626x^{0.8423}$	0.865 8	<0.01
		$y=2582e^{0.0002x}$	0.878 9	<0.01
喷灌圈马铃薯	无氮区（$n=6$）	$y=0.7534x+1438.7$	0.755 1	<0.01
		$y=1856.3\ln x-11197$	0.746 3	<0.01
		$y=42.507x^{0.5571}$	0.752 4	<0.01
		$y=1885.9e^{0.0002x}$	0.761 3	<0.01
	无磷区（$n=6$）	$y=0.6672x+1403.4$	0.777 3	<0.01
		$y=1874.4\ln x-11602$	0.757 7	<0.01
		$y=38.295x^{0.5604}$	0.756 6	<0.01
		$y=1870.4e^{0.0002x}$	0.776 0	<0.01
	无钾区（$n=6$）	$y=1.0513x+605.37$	0.933 0	<0.01
		$y=3084.2\ln x-20924$	0.924 3	<0.01
		$y=4.9892x^{0.8274}$	0.922 5	<0.01
		$y=1609.2e^{0.0003x}$	0.930 2	<0.01

注：x 代表目标产量，y 代表无肥区产量。

第八章

主要农作物科学施肥

第一节　青贮玉米科学施肥

青贮玉米是锡林郭勒盟牧区种植的主要作物之一，营养丰富，是一种优质的饲草料。

一、青贮玉米的需肥规律

研究结果表明，青贮玉米一生对矿质元素吸收最多的是氮素，然后依次是钾、磷、钙、镁、硫、铁、锌、锰、铜、硼、钼，每生产 100kg 青贮玉米籽粒需吸收氮素（N）2.59 kg，磷素（P_2O_5）1.76 kg，钾素（K_2O）2.31kg。

青贮玉米每个生育时期需要养分比例不同。从出苗到拔节，吸收氮素占 2.5%、磷素占 1.12%、钾素占 3%；从拔节到开花，吸收氮素占 97.4%、磷素占 98.3%、钾素占 97%。

（一）青贮玉米对矿质元素的需求

1. 产量水平　青贮玉米在不同产量水平下对矿质元素的需求量存在一定差异。一般随着产量水平的提高，青贮玉米单位面积吸收的 N、P_2O_5、K_2O 总量随之升高，但形成 100kg 籽粒所需的 N、P_2O_5、K_2O 量却下降，肥料利用率提高。相反，在低产量水平条件下，形成 100kg 籽粒所需要的 N、P_2O_5、K_2O 量增加，因此确定玉米需肥量时应考虑产量水平之间的差异。

2. 品种特性　不同玉米品种间矿质元素需要量差异较大。一般生育期较长、植株高大、适于密植的品种需肥量多；反之，需肥量少。

3. 土壤肥力　肥力较高的土壤，由于含有较多的可供吸收的速效养分，因而植株对 N、P_2O_5、K_2O 的吸收量要高于低肥力水平土壤，而形成 100kg 籽粒所需 N、P_2O_5、K_2O 量却降低，说明培肥地力是获得高产和提高肥料利用率的重要途径。

4. 施肥量　一般施肥量增加产量也随之提高，形成 100kg 籽粒所需的 N、P_2O_5、K_2O 量也随施肥量的增加而提高，肥料养分利用率相对降低。

（二）青贮玉米各生育时期对营养元素的吸收

1. 对氮、磷、钾元素的吸收　玉米不同生育时期吸收氮、磷、钾的数量和速度不同。一般幼苗期吸收养分少，拔节至开花期吸收养分速度快，数量多，是玉米需要养分的关键时期。生育后期吸收速度减慢，吸收数量也少。

根据内蒙古农业大学的研究，青贮玉米对氮的吸收，以开花期为界，分为前后两期，前期氮吸收量占氮吸收总量的 70%左右，后期占 30%左右。前期有两个高峰：一是拔节期，氮吸收量约占氮吸收总量的 25%；二是大喇叭口期至抽雄期，氮吸收量占氮吸收总量的30%左右，是玉米一生中吸收速率最高的时期。

青贮玉米苗期磷吸收量占磷吸收总量的3.35%，苗期是玉米需磷的敏感期，应注意苗期施磷。大喇叭口期至灌浆期的一个月内磷吸收量最大，占磷吸收总量的42.8%，且吸收速率最快，抽雄前需磷量最多。

苗期钾吸收量少，占钾吸收总量的6.57%。拔节至抽雄期钾吸收量最多，占钾吸收总量的79.2%。花粒期钾吸收量减少，仅占总量的14.3%。

籽粒中氮、磷、钾的累积总量约有60%是由前期器官积累转移而进来的，约有40%是由后期根系吸收的。玉米施肥不但要打好前期的基础，也要保证后期养分的充分供应。

2. 对中量元素的吸收

（1）钙。从阶段吸收量来看，玉米苗期钙吸收量较少，占一生吸收总量的4.77%～6.19%；穗期钙吸收量最多，占53.93%～82.13%；粒期钙吸收量也较多，占11.68%～41.30%。从累积吸收量来看，到大喇叭口期钙累积吸收量达35.98%～46.23%，吐丝时达58.70%～88.32%，蜡熟期达97.63%～98.30%。

（2）镁。从阶段吸收量来看，玉米苗期镁吸收量较少，占一生吸收总量的5.38%～7.43%；穗期镁吸收量最多，占56.10%～67.68%；粒期镁吸收量为24.89%～38.52%。从累积吸收量来看，到大喇叭口期镁累积吸收40.20%～42.73%，吐丝时达61.48%～75.11%。不同品种每一时期镁吸收量存在差异。

（3）硫。玉米对硫的积累随生育进程而增加。不同品质类型玉米形成100kg籽粒吸收硫的数量存在差异。玉米对硫的阶段吸收为M形曲线，其中拔节至大喇叭口期、开花至成熟期为吸硫高峰期，吸硫量分别占整个生育期的26.1%和25.04%。硫的吸收强度从出苗到拔节较低，拔节后吸收强度急剧增大，到大喇叭口期达最大。开花到成熟期，玉米植株对硫仍保持较高的吸收强度。

3. 对微量元素的吸收 玉米对各种微量元素的累积吸收量都是随着生育进程逐渐增加，后期达最大值。

二、青贮玉米营养失调症状及防治方法

（一）氮素失调症状及防治方法

失调症状：青贮玉米缺氮时生长缓慢，株型矮小，茎细弱，叶片由下而上失绿黄化，症状从叶尖沿叶脉向基部扩展，先黄后枯，呈V形；中下部茎秆常呈红色或紫红色，果穗变小，缺粒严重，成熟提早，产量和品质下降。氮素过多会使玉米生长过旺，引起徒长；叶色浓绿，叶面积过大，田间相互遮阴严重，糖类消耗过多，茎秆柔弱，纤维素和木质素减少，易倒伏，组织柔嫩，易感病虫害，还会使作物贪青晚熟，产量和品质下降。

缺氮的防治方法：①培肥地力，提高土壤供氮能力。②在大量施用C/N高的有机肥时，注意配施速效氮肥。③在翻耕整地时，配施一定量的速效氮肥作为基肥。④对地力不均引起的缺氮症，要及时追施速效氮肥。⑤必要时配施叶面肥。

氮过量的防治方法：①根据不同生育时期的需氮特性和土壤供氮特点，适时、适量追施氮肥，严格控制用量。②在合理轮作的前提下，以轮作制为基础，确定适宜施氮量。③合理配施磷、钾肥，保持植株体内氮、磷、钾的平衡。

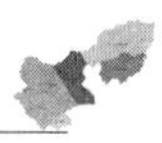

（二）磷素失调症状及防治方法

失调症状：缺磷时玉米生长缓慢，株型矮小，瘦弱；从幼苗开始，在叶尖部分沿叶缘向叶鞘发展，呈深绿带紫红色，后逐渐扩大到整个叶片，症状从下部叶转向上部叶片，甚至全株紫红色，严重缺磷时叶片从叶尖开始枯萎呈褐色，抽丝吐丝延迟，雌穗发育不完全，弯曲畸形，结实不良，果穗弯曲、凸尖。磷肥过量造成叶片肥厚而密集，叶色浓绿，植株矮小，节间过短；出现生长明显受抑制的症状。繁殖器官常因磷肥过量而加速成熟过程，由此造成营养体小，茎叶生长受抑制，产量低。

缺磷的防治方法：①早施、集中施用磷肥；选择适当的磷肥，配施有机肥。②选择适当的品种，培育壮苗，加强水分管理。

（三）钾素失调症状及防治方法

缺钾症状：多发生在玉米生育中后期，表现为植株生长缓慢，矮化，中下部老叶叶尖及叶缘易黄化、焦枯；节间缩短，叶片长，茎秆短，二者比例失调而呈现叶片密集堆叠矮缩的异常株型。茎秆细小柔弱，易倒伏，成熟期推迟，果穗发育不良，穗小粒少，籽粒不饱满，产量锐减。严重缺钾时，植株首先在下部老叶上出现失绿并逐渐坏死，叶片暗绿无光泽。

防治方法：①确定钾肥的施用量，选择适当的钾肥施用期，适时追施钾肥。②控制氮肥用量，加强水分管理。

（四）钙素失调症状及防治方法

缺钙症状：玉米生长不良，矮小，叶缘有时呈白色锯齿状不规则破裂，茎顶端呈弯钩状，新叶尖端及叶片前端叶缘焦枯，不能正常伸展，老叶尖端也出现棕色焦枯，新根少，根系短，呈黄褐色，缺乏生机。

防治方法：合理施用钙质肥料，控制水溶性氮、磷、钾肥的用量，合理灌溉。

（五）镁素失调症状及防治方法

缺镁症状：一般在玉米拔节后发生。症状为下位叶前端脉间失绿，并逐渐向叶基部发展，失绿组织黄色加深，下部叶脉间出现淡黄色条纹，后变为白色条纹，残留小绿斑相连成串如念珠状，叶尖及前端叶缘呈现紫红色。严重时叶脉间组织干枯死亡，呈紫红色花叶斑，而新叶变淡。

防治方法：合理施用镁肥，控制氮、钾肥用量，改善土壤环境。

（六）硫素失调症状及防治方法

缺硫症状：作物缺硫时，全株体色褪淡，呈淡绿或黄绿色，叶脉和叶肉失绿，叶色浅，幼叶较老叶明显。植株矮小，叶细小，向上卷曲，变硬，易碎，提早脱落。茎生长受阻，开花迟。

防治方法：①增施有机肥，提高土壤的供硫能力。②合理选用含硫肥料，如硫酸铵、硫酸钾等。③适当施用石膏等硫肥。

（七）铁素失调症状及防治方法

缺铁症状：玉米缺铁时幼叶脉间失绿呈条纹状，中下部叶片为黄色条纹，老叶绿色。严重时整个新叶失绿发白，失绿部分色泽均一，一般不出现坏死斑点。

防治方法：改良土壤，合理施肥，选用耐性品种，施用铁肥。

（八）锰素失调症状及防治方法

失调症状：叶片柔软下披，新叶脉间出现与叶脉平行的黄色条纹。根纤细，长而白。锰中毒的症状是根系变褐坏死，叶片上出现褐色斑点或叶缘黄白化，嫩叶上卷。锰过剩还会抑制钼的吸收，诱发缺钼症状的发生。

缺锰的防治方法：增施有机肥，施用锰肥。

锰中毒的防治办法：改善土壤环境，选用耐性品种，合理施肥。

（九）锌素失调症状及防治方法

失调症状：青贮玉米对锌非常敏感，出苗后1～2周即可出现缺锌症状，症状较轻时可随气温的升高而逐渐消退。玉米拔节后中上部叶片中脉和叶缘之间出现黄白失绿色条纹，严重时白化斑块变宽，叶肉组织消失而呈半透明状，易撕裂；下部老叶提前枯死。同时，节间明显缩短，植株严重矮化；抽雄、吐丝延迟，甚至不能正常吐丝，果穗发育不良，缺粒和秃尖严重。玉米锌中毒的症状为叶片黄化，进而出现赤褐色斑点。锌过量还会阻碍铁和锰的吸收，有可能诱发缺铁或缺锰。

缺锌的防治方法：①改善土壤环境，采用翻耕等技术措施提高锌的有效性。②合理平整耕地。③选用耐低锌的玉米品种，以有效预防缺锌症的发生。④增施锌肥。

锌中毒的防治方法：①控制工业“三废”（废气、废水、固体废弃物）的排放，防止对土壤的污染。②合理施用锌肥，根据作物需锌特性和土壤的供锌能力，确定适宜施用量、施用方法等。③慎用含锌有机废弃物。

（十）硼素失调症状及防治方法

失调症状：玉米缺硼时，上部叶片发生不规则的褪绿白斑或条斑，果穗畸形，行列不齐，着粒稀疏，籽粒基部常有带状褐色。玉米硼中毒时，叶缘黄化，果穗多秃尖，植株提早干枯，产量明显降低。

缺硼的防治方法：①施用硼肥，与磷肥、有机肥等混合后施用，提高施用硼肥的均匀性。②增施有机肥，提高土壤有机质，增加土壤有效硼的储量，减少硼的固定和淋失，协调土壤供硼强度和容量。

硼过剩的防治方法：①控制灌溉水质量，避免用含硼量高（≥1.0mg/kg）的水源作为灌溉水源。②合理施用硼肥，在严格控制硼肥用量的基础上，做到均匀施用；叶面喷施硼肥时注意浓度，防止施用不当引起中毒。

三、青贮玉米科学施肥技术

（一）大量元素施用的原则和方法

1. 施肥原则 有机肥与无机肥配合，氮、磷、钾肥与微肥配合，平衡施肥，达到提高土壤肥力、增加产量的目的。

2. 施肥方法

（1）基肥。青贮玉米基肥以有机肥为主，基肥的施用方法有撒施、条施和穴施。青贮玉米高产田每667m^2 施有机肥2 000kg，并配合化肥结合秋耕翻施入。有机肥养分完全，肥效长，具有改土培肥作用，可减少土壤中养分的固定，提高化肥肥效及降低生产成本。

根据田间试验、土壤性状、玉米营养特征等综合因素，每667m^2 目标产量为2 500kg

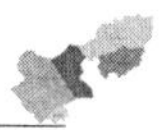

时，推荐每 667m^2 施入总养分含量 45%的玉米配方肥（24-15-6）15.3～33.8kg 或 40%的玉米配方肥（14-19-7）19.3～42.8kg。

（2）追肥。追肥时期、次数和数量要根据玉米的需肥规律、地力基础、施肥数量、基肥和种肥施用情况以及玉米生长状况确定。玉米生育期每 667m^2 追施尿素 11～12kg，分 3 次施用。第一次在 7～8 片叶展开后的拔节期施入，也称攻秆肥，目的是促进玉米植株健壮生长，有利于雄雌穗分化。第二次在玉米 11～12 片叶展开后的大喇叭口期施入，也称攻穗肥，目的是促进玉米中上部叶片增大，延长其功能期，促进雌穗的良好分化和发育，对保证穗大粒多极为重要，是玉米追肥的高效期。第三次在玉米抽雄吐丝后追施，也称粒肥，粒肥对减少小花败育，增加籽粒数，防止后期脱肥、叶片早衰，提高叶片的光合效率，保证籽粒灌浆，提高粒重具有重要作用。此外，在开花期喷施磷酸二氢钾和微肥，均有促进籽粒形成、提早成熟、增加产量的作用。

（二）微肥的施用

微肥的施用采用因缺补缺、矫正施用的原则。当土壤有效锌含量低于临界值（0.5mg/kg）时，可根据具体情况合理施用锌肥。土壤中锌的有效性在酸性条件下比碱性条件下高，所以碱性和石灰性土壤容易缺锌。长期施磷肥的地区，由于磷与锌的拮抗作用，易诱发缺锌，应给予补充。锌肥以基施效果最好，每 667m^2 硫酸锌用量 1～2kg，并有至少两年的后效期；用于浸种时硫酸锌溶液的浓度为 0.02%～0.05%；叶面喷施锌肥可用 0.2%硫酸锌溶液。

第二节　马铃薯科学施肥

锡林郭勒盟牧区气候冷凉，马铃薯退化慢，适合马铃薯种植。马铃薯是块茎作物，喜欢疏松肥沃的沙土地，冷凉气候有利于淀粉积累。当地生产中应用的主要品种有夏波蒂、费乌瑞它、克新 1 号、大西洋、早大白等。

一、马铃薯的需肥规律

马铃薯是高产喜肥作物，需肥量较多，合理施肥是提高产量和改善品质的有效措施。马铃薯是典型的喜钾作物，在肥料三要素中，需钾肥最多，氮肥次之，磷肥较少。据测定，每生产 1 000kg 马铃薯块茎（鲜薯），需吸收氮（N）5～6kg、磷（P_2O_5）1～3kg、钾（K_2O）12～13kg，氮、磷、钾所需比例为 2.5∶1∶5.3。此外，中微量元素钙、镁、硫、硼、铜、锌、钼等也是马铃薯生长发育必不可少的。

马铃薯在不同的生育阶段需要的养分种类和数量都不同，需肥趋势是前、中期较多，后期较少。幼苗期需肥量占全生育期需肥总量的 20%左右；块茎形成至块茎增长期（现蕾至开花期）需肥量最多，占全生育期需肥总量的 60%以上；淀粉积累期需肥量减少，占全生育期需肥总量的 20%左右。马铃薯苗期需氮较多，中期需钾较多。氮肥能促进植株茎叶生长和块茎淀粉、蛋白质的积累。适量施氮肥，可使马铃薯枝叶繁茂、叶色浓绿，能提高块茎产量和蛋白质含量。但施氮肥过多会造成茎叶徒长、熟期延长，只长秧苗不结薯。磷能促进马铃薯根系生长，使植株发育健壮，还可促进早熟、提升块茎品质和提高耐储性。钾是马铃薯生长发育的重要元素，尤其是苗期，钾肥充足，植株健壮，茎秆坚实，叶片增厚，抗病力强。钾对光合作用和后期淀粉形成、积累也具有重要作用。块茎形成与增长期的养分供应充足，对提高马铃薯的产量和淀粉含量起重要作用。

马铃薯对微量元素硼、锌较敏感，其中硼有利于薯块膨大，防止龟裂。如果土壤中有效锌含量低于0.5mg/kg，需要施用锌肥。土壤中锌的有效性在酸性条件下比碱性条件下高，所以碱性和石灰性土壤易缺锌。长期施磷肥的地区，由于磷与锌的拮抗作用，易诱发缺锌，应给予补充。常用锌肥有硫酸锌和氯化锌，基肥每667m^2用量0.5～2.5kg，浸种浓度以0.02%～0.05%为宜。如果复合肥中含有一定量的锌则不必单独施锌肥。

二、马铃薯营养失调症状及防治方法

（一）氮素失调症状及防治方法

缺氮症状：氮素供应不足，马铃薯植株生长缓慢，茎秆细弱矮小，分枝少，生长直立，叶片首先从植株基部开始呈淡绿或黄绿色，并逐渐向植株顶部扩展，叶片变小而薄，每片小叶首先沿叶缘褪绿变黄，并逐渐向小叶中心部发展。严重缺氮时，至生长后期基部老叶全部失去叶绿素而呈淡黄或黄色，以致干枯脱落，只留顶部少许绿色叶片，且叶片很小，整株叶片上卷。

防治方法：合理施用氮肥；重施有机肥，并配以适量的速效性氮肥。

（二）磷素失调症状及防治方法

缺磷症状：生育初期症状明显，马铃薯植株生长缓慢，株高矮小或细弱僵立，缺乏弹性，分枝减少，叶片和叶柄均向上竖立，叶片变小而细长，叶缘向上卷曲，叶色暗绿而无光泽。严重缺磷时，植株基部小叶的叶尖首先褪绿变褐，并逐渐向全叶发展，最后整个叶片枯萎脱落。症状从基部叶片开始出现，逐渐向植株顶部扩展。缺磷还会使根系和匍匐茎数量减少，根系长度变短，块茎内部发生锈褐色的创痕，创痕随着缺磷程度的加重，分布亦随之扩展，但块茎外表与健薯无显著差异，创痕部分不宜煮熟。

防治方法：在酸性土、黏重土、沙性土上栽培马铃薯时，应注意磷肥的施用。生育期间发现缺磷时，用0.3%～0.5%过磷酸钙水溶液进行叶面喷施。

（三）钾素失调症状及防治方法

缺钾症状：钾素不足，植株生长缓慢，甚至完全停顿，节间变短，植株呈丛生状，小叶叶尖萎缩，叶片向下卷曲，叶表粗糙，叶脉下陷，中央及叶缘首先由绿变为暗绿，进而变黄，最后发展至全叶，并呈古铜色。叶片暗绿色是缺钾的典型症状，从植株基部叶片开始，逐渐向植株顶部发展，当底层叶片逐渐干枯时，顶部新叶仍呈正常状态。缺钾还会造成匍匐茎缩短，根系发育不良，吸收能力减弱，块茎变小，块茎内呈灰色晕圈，淀粉含量降低，品质变差。

防治方法：在缺钾土壤中增施有机肥。在基肥中混入草木灰，可改善土壤缺钾症状。生育期间缺钾时，用0.3%～0.5%磷酸二氢钾溶液进行叶面喷施。

（四）中微量元素缺素症状及防治方法

缺镁症状：镁是叶绿素构成元素之一，与同化作用密切相关，也是多种酶的活化剂。镁缺乏时，由于叶绿素不能合成，从马铃薯植株基部小叶边缘开始由绿变黄，进而叶脉间

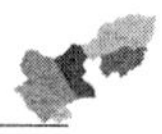

逐渐黄化，而叶脉还残留绿色，严重缺镁时，叶色由黄变褐，叶肉变厚而脆并向上卷曲，最后病叶枯萎脱落。病症从植株基部开始，渐近于植株上部叶片。缺镁一般多在沙质和酸性土壤中发生。

防治方法：在酸性土和沙质土中增施镁肥，有增产作用。田间发现缺镁时，及时用1%～2%硫酸镁溶液进行叶面喷施，直至缺镁症状消失。

缺钙症状：钙素是马铃薯全生育期都必需的重要营养元素之一。当土壤缺钙时，分生组织首先受害，细胞壁的形成受阻，表现在植株形态上是幼叶变小，小叶边缘淡绿，节间显著缩短，植株顶部呈丛生状。严重缺钙时，形态症状表现为叶片、叶柄和茎秆上出现杂色斑点，叶缘上卷并变褐色，进而主茎生长点枯死，而后侧芽萌发，整个植株呈丛生状，小叶生长极缓慢，呈浅绿色，根尖和茎尖生长点溃烂坏死，块茎缩短、畸形，髓部呈现褐色而分散的坏死斑点，失去经济价值。

防治方法：酸性土壤容易缺钙，特别是 pH<4.5 的强酸性土壤，施用石灰补充钙，对增产有良好效果。应急时，叶面可喷洒 0.3%～0.5%氯化钙溶液，每 3～4d 喷 1 次，喷 2～3 次。注意浇水，雨季及时排水，适量施用氮肥，保证植株对钙的吸收。

缺硫症状：轻度缺硫时，马铃薯整个植株变黄，叶片、叶脉普遍黄化，与缺氮类似，但叶片并不提前干枯脱落。极度缺硫时，叶片上出现褐色斑点。生长缓慢，幼叶先失去浓绿的色泽，呈黄绿色，幼叶明显向内卷曲，叶脉颜色也较淡，以后变为淡黄色，并略带淡紫色。叶片不干枯，植株生长受抑，茎秆短而纤细，茎部稍带红色，严重时枯梢。老叶出现深紫色或褐色斑块，根系发育不良，块茎小而畸形，色淡、皮厚、汁多。

防治方法：长期施用不含硫的过磷酸钙或硝酸磷肥，土壤可能缺硫。一般每 667m^2 施硫酸铵或含硫的过磷酸钙 1.5～4kg 即可。

硼失调症状：硼是马铃薯生长发育不可缺少的重要微量元素之一，它对马铃薯有明显的增产作用。硼素缺乏时，植株生长缓慢，叶片变黄而薄，并下垂，茎秆基部有褐色斑点出现，根尖顶端萎缩，支根增多，影响根系向土壤深层发展，抗旱能力下降。硼过剩时，下部叶的叶脉间出现褐斑，逐渐向上部叶发展。

缺硼的防治方法：贫瘠的沙质土壤容易缺硼。如果土壤有效硼含量小于 0.5mg/kg 时，每 667m^2 基肥中施用硼酸 500g，并结合氮、磷、钾肥施用，增产效果最好。

锌失调症状：缺锌时，马铃薯植株生长受抑制，节间短，株型矮缩，顶端叶片直立，叶小丛生，叶面出现灰色至古铜色的不规则斑点，叶缘上卷，严重时叶柄及茎上均出现褐色斑点或斑块，新叶出现黄斑，并逐渐扩展到全株。锌过剩时，下部叶变黄。

缺锌的防治方法：每 667m^2 追施硫酸锌 1kg，或喷洒 0.1%～0.2%硫酸锌溶液 50～75kg，每隔 10d 喷 1 次，连喷 2～3 次。

锰失调症状：缺锰时，植株易产生失绿症，叶脉间失绿后呈淡绿色或黄色，部分叶片黄化枯死。症状先在新生的小叶上出现，不同品种叶脉间失绿可呈现淡绿色、黄色或红色。严重缺锰时，叶脉间几乎变为白色，并沿叶脉出现很多棕色的小斑点，以后这些小斑点从叶面枯死脱落，使叶面残破不全。锰过剩时，叶脉间出现巧克力色小斑点，茎部出现同色的小斑点。

缺锰防治方法：主要发生在pH较高的石灰性土壤中。每667m^{2}用易溶的23%～24%硫酸锰1～2kg作为基肥，必要时叶面喷施0.05%～0.10%硫酸锰溶液50kg左右，每7～10d喷1次，连喷2～3次。

缺铁症状：缺铁易产生失绿症，幼叶先显轻微失绿症状，后变黄、白化，顶芽和新叶黄、白化，心叶常白化。初期叶脉颜色深于叶肉，并且有规则地扩展到整株叶片，继而失绿部分变为灰黄色。严重时，叶片变黄，甚至失绿部分几乎变为白色，向上卷曲，但不产生坏死的褐斑，小叶的尖端边缘和下部叶片长期保持绿色。

防治方法：注意改良土壤、排涝、通气和降低盐碱性，增施有机肥，增加土壤中腐殖质含量。每667m^{2}叶面喷施0.2%～0.5%硫酸亚铁溶液50～75kg。

铜失调症状：缺铜时，马铃薯植株衰弱，茎叶软弱细小，从老叶开始黄化枯死，叶色呈现水渍状。新生叶失绿，叶尖发白卷曲，幼嫩叶片向上卷，叶片出现坏死斑点，进而枯萎死亡。铜过剩时，下部叶枯死，生长发育不良。

缺铜的防治方法：酸性沙土、有机质含量高的土壤易出现缺铜症。每667m^{2}叶面喷施0.02%～0.04%硫酸铜溶液50kg，喷硫酸铜最好加入0.2%熟石灰水，既能增效，又可避免肥害。

缺钼症状：马铃薯植株生长不良，株型矮小，茎叶细小柔弱，症状一般从下部叶片出现，老叶开始黄化枯死，叶色呈现水渍状，叶脉间褪绿，或叶片扭曲，顺序扩展到新叶。新叶慢慢黄化，黄化部分逐渐扩大，叶缘向内翻卷。

防治方法：土壤锰过量，会抑制钼吸收。每667m^{2}叶面喷施0.02%～0.05%钼酸铵溶液50kg，每7～10d喷1次，喷2～3次。

三、马铃薯科学施肥技术

（一）施肥原则

马铃薯施肥应重有机肥、控氮肥、增磷肥、补钾肥。施肥方法以基肥为主、追肥为辅。有机肥中营养元素全面，增施有机肥有利于改良、培肥土壤，提高土壤肥力，提高土壤中微生物的活力，从而促进土壤水稳性团粒结构的形成，使土壤变疏松，有利于马铃薯的块茎膨大和根系生长。特别是有马铃薯所必需的钾素，且含量丰富。增施有机肥，对于马铃薯的生长发育非常重要。

（二）科学施肥技术

1. 施足基肥 每667m^{2}施用优质有机肥2 000～3 000kg做基肥，结合整地施入土壤中。根据田间试验结果、马铃薯需肥规律和土壤养分含量情况确定施肥数量。推荐总养分含量45%的喷灌（滴灌）马铃薯区域大配方12-19-14及11-25-9（$N-P_2O_5-K_2O$），在每667m^{2}目标产量为2 500kg时，配方肥每667m^{2}推荐用量为47.7～59.8kg，或每667m^{2}施撒可富马铃薯专用肥50kg。

2. 及早追肥 追肥应以氮、钾肥为主，宜在早期进行。一般第一次追肥在苗期，结合中耕培土进行，每667m^{2}施用尿素4～9kg；第二次在现蕾期（块茎开始膨大），以钾肥为主，每667m^{2}施用硫酸钾3kg左右，可配合施用少量氮肥。追肥可采用沟施或穴施，深度10cm左右，施肥后覆土，也可利用水肥一体化随水施肥。

3. 叶面施肥　生育前期，如有缺肥现象，可在苗期、发棵期叶面喷施 0.5%尿素水溶液、0.2%磷酸二氢钾水溶液 2～3 次。马铃薯开花后，一般不进行根部追肥，特别是不能追施氮肥，主要以叶面喷施磷、钾肥补充养分的不足。每 667m^2 可叶面喷施 0.3%～0.5%磷酸二氢钾水溶液 50kg，若缺氮，可增加尿素 0.1～0.17kg，每 10～15d 喷 1 次，连喷 2～3 次。在收获前 15d 左右，叶面喷施 0.5%尿素、0.3%磷酸二氢钾等叶面肥，增产效果较显著。

马铃薯对钙、镁、硫、锌、铁、锰等中微量元素营养的需求量也比较大，因此要结合土壤肥力状况和马铃薯生长发育状况，适时进行中微肥叶面喷施，以提高抗性和产量。

第三节　小麦科学施肥

锡林郭勒盟种植的小麦是春小麦，种植面积仅次于青贮玉米和马铃薯。品种主要有克旱 16 等，产量水平为 1 500kg/hm^2 左右。

一、小麦的需肥规律

（一）小麦的需肥量

根据试验研究结果，小麦每形成 100kg 籽粒，需从土壤中吸收氮（N）3kg、磷（P_2O_5）1～1.5kg、钾（K_2O）2～4kg，氮、磷、钾比例为 3∶1∶3。随着产量水平的提高，氮、磷、钾吸收总量也相应增加。

（二）小麦对营养元素的吸收

在小麦的一生中，对氮的吸收有两个高峰：一是从出苗到拔节阶段，氮吸收量占吸收总量的 40%左右；二是拔节到孕穗开花阶段，氮吸收量占吸收总量的 30%～40%，在开花以后仍有少量吸收。磷的吸收量从拔节后逐渐增多，一直到乳熟都维持较高的吸收量。钾的吸收以拔节到孕穗、开花期为最多，占吸收总量的 60%左右，到开花时对钾的吸收达最大量。

小麦除了对氮、磷、钾的需要外，还需要钙、镁、硫、硼、锰等中微量元素营养。

二、小麦营养失调症状及防治方法

（一）氮素失调症状及防治方法

缺氮时，小麦老叶均匀发黄，植株矮小细弱，无分蘖或少分蘖，穗小粒少，退化小花数增多，过早成熟，产量降低。氮过剩时，分蘖期茎叶繁茂，茎秆软弱，通风透光不良，后期病虫害增多，拔节期基部结间伸长过度易倒伏，灌浆成熟过程严重恶化，品质变劣，麦粒皮多粉少。

缺氮的防治方法：施足基肥，苗期缺氮可开沟追施氮肥，后期缺氮可采用根外追氮的方法补救，叶面喷施即可。

（二）磷素失调症状及防治方法

缺磷时，根系发育严重受阻，尤其对次生根影响较大，分蘖减少。叶色暗绿无光泽或显紫色，抽穗开花延迟，籽粒灌浆不正常，千粒重降低，品质变劣，产量下降。磷过剩时，无效分蘖增加，瘪粒增多，叶肥厚而密集，植株矮小，繁殖器官过早发育，茎叶生长受抑，植株早衰。

缺磷的防治方法：①基施磷肥，中性偏碱土壤宜施过磷酸钙，酸性土壤宜施钙镁磷肥。②基施有机肥，与磷肥配合施用可减少磷固定。

（三）缺钾症状及防治方法

缺钾时小麦植株生长延迟，矮小，茎秆脆弱，易倒伏，叶色暗绿，叶片短小，老叶由黄渐变成棕色以致枯死，褪绿区逐渐向叶基部扩展，根系生长不良，抽穗成熟显著提早。

防治方法：基肥中施足钾肥；节制氮肥施用，控制氮、钾比例。

（四）中量元素缺乏症状及防治方法

1. 钙

缺钙症状：缺钙时从新生部位表现，小麦新叶呈灰色，变白，以后叶尖枯萎。茎尖与根尖死亡，根毛发育不良，严重时影响根系的吸收功能。

防治方法：酸性土壤缺钙，可施用石灰。

2. 镁

缺镁症状：小麦植株矮小，叶细柔嫩下垂，中下部叶片叶脉间褪绿后残留形似念珠状串连绿斑，孕穗后消失。

防治方法：①改良土壤，酸性土壤易缺镁，可施钙镁磷肥；②防止氮、钾肥过量施用。

3. 硫

缺硫症状：小麦植株颜色淡绿，幼叶较下部叶片失绿明显，一般上部叶片黄化，下部叶片保持绿色。茎细，僵直，分蘖少，植株矮小。

防治方法：施用含硫肥料，每 667m^2 施纯硫 1～1.5kg。

（五）微量元素缺乏症状及防治方法

1. 铁

缺铁症状：缺铁时小麦叶脉间组织黄化，呈明显的条纹，幼叶丧失形成叶绿素的能力。

防治方法：用 0.1%～0.5%硫酸亚铁溶液喷洒叶面。

2. 锌

缺锌症状：缺锌时小麦节间缩短，叶小簇生，叶缘呈皱缩状，脉间失绿发白，呈黄白绿三色相间的条纹带，出现白苗、黄化苗，严重时出现僵苗、死苗，且抽穗推迟，穗小粒少。

防治方法：①每 667m^2 施 1～2kg 硫酸锌；②叶面喷施 0.1%硫酸锌溶液。

3. 硼

缺硼症状：缺硼时前期营养生长没有特殊表现，后期表现出不同程度的花粉败育，花粉粒畸形，严重时雄蕊发育不完全。

防治方法：每 667m^2 基施硼砂 0.5kg，喷施浓度为 0.1%～0.2%。

4. 钼

缺钼症状：缺钼时小麦叶片失绿，叶尖和叶缘呈灰色，开花成熟延迟，籽粒皱缩。

防治方法：①每 667m^2 用钼酸铵 10g，叶面喷施浓度 0.02%～0.05%；②施用石灰

提高土壤 pH 可增加钼有效性。

5. 锰

缺锰症状：缺锰时小麦植株发育不全，叶片细长、失绿，叶尖焦枯，叶片上有不规则斑点，叶尖成紫色，严重时明显矮化，整株缺绿。

防治方法：①每 667m^2 施 1kg 左右硫酸锰或氯化锰，或者根外追施 0.1%～0.2%锰肥溶液；②多施有机肥，促进锰的还原，增加有效性。

6. 铜

缺铜症状：缺铜时小麦叶片尖端失绿，干枯，变成针状弯曲，植株呈浅绿色。严重时，抽穗很少或不抽穗，穗小籽粒少。

防治方法：①每 667m^2 施用硫酸铜 1～2kg，基施时避免与种子接触；②叶面喷施 0.1%硫酸铜溶液，喷施时浓度不能过高，否则可能灼伤叶片。

三、小麦科学施肥技术

（一）施肥原则

（1）有机肥与化肥配合施用的原则，增施有机肥，推广秸秆还田，合理施用化肥。

（2）施足基肥和种肥、追肥为辅的原则。

（3）结合土壤供肥性能、小麦需肥规律及肥料特性，测土配方施肥，合理配合施用氮、磷、钾三要素肥料。

（4）注重微肥和叶面肥施用原则，结合土壤养分测试和苗情长势，合理增施微量元素肥料，适时适量喷施叶面肥。

（二）科学施肥技术

1. 增施有机肥，秸秆还田　每 667m^2 增施商品有机肥 70kg 以上，或秸秆还田 200kg。秸秆还田可结合免耕耙茬、免耕留高茬直接播种进行，也可直接粉碎还田。

2. 测土配方，施足施好基种肥　基种肥以化肥为主，根据田间试验、土壤养分情况、作物营养特征等，推荐养分总含量为 40%的小麦区域大配方 15-17-8（$N-P_2O_5-K_2O$），每 667m^2 推荐用量 18.0～21.5kg；或 45%小麦区域大配方 17-20-8（$N-P_2O_5-K_2O$），每 667m^2 推荐用量 17.0～20.5kg。

基肥提倡秋施，将基种肥的 2/3 做基肥，于前一年秋季结合整地深施，深度 5～10cm，剩余 1/3 做种肥随播种一次性施入；也可将基种肥随播种一次性施入，要求实行分层施肥和侧深施，种肥分离，播种时将肥料总量的 3/4 放入播种机施肥箱内深施于土壤中，深施 8～10cm，其余 1/4 与种子混合播入土壤。

适时追肥，在小麦苗期至 3 叶期，每 667m^2 追施尿素 1～2 kg，采用播种机条施侧施，或结合灭草每 667m^2 叶面喷施尿素 0.3～0.5kg、磷酸二氢钾 0.2 kg；拔节期每 667m^2 叶面喷施尿素 0.2～0.3kg；拔节至灌浆期每 667m^2 叶面喷施磷酸二氢钾 0.1kg。

3. 合理施用微肥和叶面肥　根据土壤微量元素含量，结合苗情长势，补施锌、硼、钼等微量元素肥料，喷施相应叶面肥。

附录　耕地资源数据册

附表 1　锡林郭勒盟牧区七旗市耕地及人工草地土壤类型面积统计表

旗市名称	土类	亚类	土属	面积（hm^2）
阿巴嘎旗	潮土	潮土	壤质潮土	64.78
		盐化潮土	氯化物盐化潮土	20.95
		潮土汇总		85.73
	风沙土	半固定风沙土	半固定草甸风沙土	14.45
			半固定草灌风沙土	22.01
			半固定林灌风沙土	23.11
			半固定生草风沙土	2.45
		风沙土汇总		62.02
	栗钙土	暗栗钙土	结晶岩暗栗钙土	55.83
			冲洪积暗栗钙土	120.93
			暗栗钙土汇总	176.76
		草甸栗钙土	盐化草甸栗钙土	84.37
		淡栗钙土	结晶岩淡栗钙土	10.92
			泥质岩淡栗钙土	1.89
			坡洪积淡栗钙土	171.16
			淡栗钙土汇总	183.96
		碱化栗钙土	碱化栗钙土	28.58
		栗钙土	冲洪积栗钙土	121.63
			风积栗钙土	10.22
			结晶岩栗钙土	543.34
			坡洪积栗钙土	70.20
			砂砾岩栗钙土	732.23
			栗钙土汇总	1 477.62
		盐化栗钙土	氯化物盐化栗钙土	238.11
		栗钙土汇总		2 189.40
	盐土	草甸盐土	氯化物草甸盐土	7.26
	棕钙土	棕钙土	结晶盐棕钙土	1.42
			砂砾岩棕钙土	8.78
		棕钙土汇总		10.20

（续）

旗市名称	土类	亚类	土属	面积（hm²）
东乌珠穆沁旗	草甸土	石灰性草甸土	沙质石灰性草甸土	3.71
东乌珠穆沁旗	草甸土	石灰性草甸土	盐化草甸土	3.03
东乌珠穆沁旗	草甸土	草甸土汇总		6.74
东乌珠穆沁旗	黑钙土	草甸黑钙土	壤质草甸黑钙土	1744.09
东乌珠穆沁旗	黑钙土	草甸黑钙土	沙质草甸黑钙土	95.46
东乌珠穆沁旗	黑钙土	草甸黑钙土	草甸黑钙土汇总	1839.54
东乌珠穆沁旗	黑钙土	淡黑钙土	冲洪积淡黑钙土	591.15
东乌珠穆沁旗	黑钙土	淡黑钙土	黄土状淡黑钙土	377.13
东乌珠穆沁旗	黑钙土	淡黑钙土	结晶盐谈黑钙土	682.48
东乌珠穆沁旗	黑钙土	淡黑钙土	淡黑钙土汇总	1650.77
东乌珠穆沁旗	黑钙土	黑钙土	黄土状黑钙土	5546.01
东乌珠穆沁旗	黑钙土	黑钙土	结晶盐黑钙土	47.95
东乌珠穆沁旗	黑钙土	黑钙土	黑钙土汇总	5593.96
东乌珠穆沁旗	黑钙土	黑钙土汇总		9084.27
东乌珠穆沁旗	灰色草甸土	石灰性灰色草甸土	壤质石灰性灰色草甸土	1.35
东乌珠穆沁旗	灰色草甸土	石灰性灰色草甸土	黏质石灰性灰色草甸土	0.39
东乌珠穆沁旗	灰色草甸土	灰色草甸土汇总		429.79
东乌珠穆沁旗	灰色森林土	暗灰色森林土	结晶岩暗灰色森林土	368.97
东乌珠穆沁旗	灰色森林土	灰色森林土	黄土状灰色森林土	60.82
东乌珠穆沁旗	灰色森林土	灰色森林土汇总		429.79
东乌珠穆沁旗	栗钙土	暗栗钙土	冲洪积暗栗钙土	58.48
东乌珠穆沁旗	栗钙土	暗栗钙土	风积暗栗钙土	21.31
东乌珠穆沁旗	栗钙土	暗栗钙土	黄土状暗栗钙土	13.59
东乌珠穆沁旗	栗钙土	暗栗钙土	结晶盐暗栗钙土	2.23
东乌珠穆沁旗	栗钙土	暗栗钙土	泥质岩暗栗钙土	38.66
东乌珠穆沁旗	栗钙土	暗栗钙土	坡洪积暗栗钙土	9.77
东乌珠穆沁旗	栗钙土	暗栗钙土	砂砾岩暗栗钙土	18.27
东乌珠穆沁旗	栗钙土	暗栗钙土	暗栗钙土汇总	162.32
东乌珠穆沁旗	栗钙土	草甸栗钙土	壤质草甸栗钙土	201.56
东乌珠穆沁旗	栗钙土	栗钙土	洪冲积栗钙土	12.31
东乌珠穆沁旗	栗钙土	栗钙土	黄土状栗钙土	95.51
东乌珠穆沁旗	栗钙土	栗钙土	泥质岩栗钙土	9.51
东乌珠穆沁旗	栗钙土	栗钙土	砂砾岩栗钙土	71.36
东乌珠穆沁旗	栗钙土	栗钙土	栗钙土汇总	188.69
东乌珠穆沁旗	栗钙土	栗钙土汇总		552.57

（续）

旗市名称	土类	亚类	土属	面积（hm²）
东乌珠穆沁旗	山地草甸土	山地草甸土	山地草甸土	15.62
	沼泽土	草甸沼泽土	草甸沼泽土	176.38
		腐泥沼泽土	腐泥沼泽土	6.81
		泥炭沼泽土	泥炭沼泽土	855.11
		沼泽土汇总		1 038.30
二连浩特市	棕钙土	草甸棕钙土	沙质草甸棕钙土	0.06
		棕钙土	沙化棕钙土	10.31
		棕钙土汇总		10.37
苏尼特右旗	潮土	潮土	潮土	357.07
		盐化潮土	盐化潮土	64.00
		潮土汇总		421.10
	风沙土	半固定风沙土	生草半固定风沙土	193.04
		固定风沙土	生草固定风沙土	7.02
		流动风沙土	流动沙丘风沙土	137.13
		风沙土汇总		337.18
	灰色草甸土	灰色草甸土	灰色草甸土	280.73
			盐化灰色草甸土	26.68
		灰色草甸土汇总		307.41
	栗钙土	暗栗钙土	泥质岩暗栗钙土	6.43
		草甸栗钙土	草甸栗钙土	185.36
		粗骨栗钙土	粗骨栗钙土	65.55
		淡栗钙土	结晶盐淡棕钙土	49.32
			泥质岩淡栗钙土	183.02
			淡栗钙土汇总	232.34
		栗钙土	冲洪积栗钙土	53.73
			结晶岩栗钙土	1 129.93
			泥质岩栗钙土	155.56
			砂砾岩栗钙土	692.53
			栗钙土汇总	2 031.75
		栗钙土汇总		2521.44
	棕钙土	草甸棕钙土	草甸棕钙土	437.19
		淡棕钙土	结晶盐淡棕钙土	64.32
			泥质岩淡棕钙土	134.12
			砂砾岩淡棕钙土	29.46
			淡棕钙土汇总	227.90

（续）

旗市名称	土类	亚类	土属	面积（hm²）
苏尼特右旗	棕钙土	棕钙土	结晶盐棕钙土	1 516.22
			沙化棕钙土	17.70
			砂砾岩棕钙土	951.34
			棕钙土汇总	2 485.25
		棕钙土汇总		3 150.33
苏尼特左旗	灰色草甸土	石灰性灰色草甸土	壤质石灰性灰色草甸土	2.68
		盐化灰色草甸土	氯化物盐化灰色草甸土	417.66
		灰色草甸土汇总		420.34
	栗钙土	淡栗钙土	结晶岩淡栗钙土	424.92
			泥质岩淡栗钙土	202.57
			淡栗钙土汇总	627.50
		栗钙土	结晶岩栗钙土	7.70
			砂砾岩栗钙土	6.93
			栗钙土汇总	14.63
		盐化栗钙土	氯化物盐化栗钙土	11.35
		栗钙土汇总		653.48
	棕钙土	草甸棕钙土	壤质草甸棕钙土	14.85
			沙质草甸棕钙土	3.94
			草甸棕钙土汇总	18.79
		淡棕钙土	残破积淡棕钙土	0.21
			沙化淡棕钙土	53.63
			淡棕钙土汇总	53.83
		盐化棕钙土	氯化物盐化棕钙土	61.02
		棕钙土	结晶岩棕钙土	703.67
			泥质岩棕钙土	387.45
			沙化棕钙土	59.69
			砂砾岩棕钙土	121.34
			棕钙土汇总	1 272.15
		棕钙土汇总		1 405.80
西乌珠穆沁旗	粗骨土	硅铝质粗骨土	硅铝质粗骨土	52.29
		硅镁质粗骨土	硅镁质粗骨土	26.58
		粗骨土汇总		78.87
	风沙土	固定风沙土	草灌固定风沙土	96.25
	黑钙土	草甸黑钙土	黄土状草甸黑钙土	88.75
		淡黑钙土	黄土状淡黑钙土	857.87
			结晶岩淡黑钙土	493.58
			淡黑钙土汇总	1 351.45
		黑钙土汇总		1 440.20

（续）

旗市名称	土类	亚类	土属	面积（hm²）
西乌珠穆沁旗	灰色草甸土	石灰性灰色草甸土	壤质石灰性灰色草甸土	563.39
			沙质石灰性灰色草甸土	27.59
			黏质石灰性灰色草甸土	520.95
			石灰性灰色草甸土汇总	1 111.93
		盐化灰色草甸土	苏打盐化灰色草甸土	2 176.77
		灰色草甸土汇总		3 288.70
	灰色森林土	暗灰色森林土	黄土状暗灰色森林土	0.58
		灰色森林土	黄土状灰色森林土	173.95
			结晶岩灰色森林土	154.72
			灰色森林土汇总	328.67
		灰色森林土汇总		329.25
	栗钙土	暗栗钙土	黄土状暗栗钙土	2 809.56
			结晶岩暗栗钙土	481.28
			泥质岩暗栗钙土	32.41
			沙质暗栗钙土	776.74
			暗栗钙土汇总	4 099.98
		草甸栗钙土	壤质草甸栗钙土	52.77
			沙质草甸栗钙土	214.66
			黏质草甸栗钙土	1 200.83
			草甸栗钙土汇总	1 468.27
		栗钙土汇总		5 568.25
	沼泽土	草甸沼泽土	壤质草甸沼泽土	264.58
			沙质草甸沼泽土	17.60
			草甸沼泽土汇总	282.18
		沼泽土汇总		282.18
镶黄旗	潮土	盐化潮土	壤质盐化潮土	14.08
	风沙土	固定风沙土	生草风沙土	10.44
	栗钙土	暗栗钙土	冲洪积暗栗钙土	48.18
			结晶岩暗栗钙土	141.42
			暗栗钙土汇总	189.60
		潮栗钙土	氯化物盐化潮栗钙土	204.76
			沙质潮栗钙土	31.45
			潮栗钙土汇总	236.21

（续）

旗市名称	土类	亚类	土属	面积（hm²）
镶黄旗	栗钙土	淡栗钙土	冲洪积淡栗钙土	1 543.20
			结晶岩淡栗钙土	25.39
			泥质岩淡栗钙土	90.39
			砂砾岩淡栗钙土	87.61
			淡栗钙土汇总	1 746.58
		栗钙土	冲洪积栗钙土	2 706.81
			结晶岩栗钙土	532.67
			泥质岩栗钙土	264.28
			砂砾岩栗钙土	591.00
			栗钙土汇总	4 095.89
		栗钙土汇总		6 268.28

附表 2　锡林郭勒盟牧区耕地养分分级面积统计表

有机质	含量（g/kg）	<9.3	9.3～<17.4	17.4～<36.9	36.9～<46.4	≥46.4		
	面积（hm^2）	1 119.96	13 311.29	13 354.73	840.87	11 464.99		
	占牧区面积（%）	2.79	33.20	33.31	2.10	28.60		
全氮	含量（g/kg）	<0.77	0.77～<1.12	1.12～<1.97	1.97～<2.38	≥2.38		
	面积（hm^2）	4 437.32	11 460.37	11 629.68	1 300.83	11 263.64		
	占牧区面积（%）	11.07	28.59	29.01	3.24	28.09		
有效磷	含量（mg/kg）	<5.2	5.2～<9.1	9.1～<21.2	21.2～<28.1	≥28.1		
	面积（hm^2）	9 971.51	19 086.19	10 170.11	792.62	71.40		
	占牧区面积（%）	24.87	47.61	25.37	1.98	0.18		
缓效钾	含量（mg/kg）	<150	150～<200	200～<250	250～<300	300～<350	350～<400	≥400
	面积（hm^2）	0.00	0.00	0.00	18.09	414.82	852.01	38 806.91
	占牧区面积（%）	0.00	0.00	0.00	0.05	1.03	2.13	96.80
速效钾	含量（mg/kg）	<73	73～<106	106～<187	187～<225	≥225		
	面积（hm^2）	23.90	6 504.77	15 241.16	12 551.77	5 770.24		
	占牧区面积（%）	0.06	16.22	38.02	31.31	14.39		
有效锰	含量（mg/kg）	<1.0	1.0～<5.0	5.0～<15.0	15.0～<30.0	30.0～<45.0	45.0～<60.0	≥60.0
	面积（hm^2）	0.00	369.22	24 417.41	15 097.19	208.02	0.00	0.00
	占牧区面积（%）	0.00	0.92	60.90	37.66	0.52	0.00	0.00
有效铜	含量（mg/kg）	<0.10	0.10～<0.20	0.20～<1.0	1.0～<1.8	1.8～<2.6	2.6～<3.4	≥3.4
	面积（hm^2）	0.00	87.88	25 298.77	14 705.19	0.00	0.00	0.00
	占牧区面积（%）	0.00	0.22	63.10	36.68	0.00	0.00	0.00
有效锌	含量（mg/kg）	<0.30	0.30～<0.50	0.50～<1.00	1.00～<2.00	2.00～<3.00	3.00～<4.00	≥4.00
	面积（hm^2）	7 765.17	13 681.09	17 503.32	487.17	238.62	408.40	8.06
	占牧区面积（%）	19.37	34.12	43.66	1.21	0.60	1.01	0.02

（续）

有效硼	含量（mg/kg）	<0.20	0.20～<0.50	0.50～<1.00	1.00～<1.50	1.50～<2.00	2.00～<3.00	≥3.00
	面积（hm^2）	0.00	11 542.76	25 415.92	2 888.30	244.86	0.00	0.00
	占牧区面积（%）	0.00	28.8	63.39	7.20	0.61	0.00	0.00
有效钼	含量（mg/kg）	<0.10	0.10～<0.15	0.15～<0.20	0.20～<0.30	0.30～<0.40	0.40～<0.50	≥0.50
	面积（hm^2）	842.66	37 636.27	1 460.39	152.52	0.00	0.00	0.00
	占牧区面积（%）	2.10	93.88	3.64	0.38	0.00	0.00	0.00
有效硫	含量（mg/kg）	<10	10～<15	15～<20	20～<30	30～<40	40～<50	≥50
	面积（hm^2）	29 734.11	4 878.15	3 861.06	1 074.40	290.68	238.17	15.27
	占牧区面积（%）	74.16	12.17	9.63	2.68	0.73	0.59	0.04
有效硅	含量（mg/kg）	<100	100～<200	200～<300	300～<400	400～<500	500～<600	≥600
	面积（hm^2）	2 349.63	24 097.40	13 507.00	137.80	0.00	0.00	0.00
	占牧区面积（%）	5.86	60.11	33.69	0.34	0.00	0.00	0.00

附表 3　锡林郭勒盟牧区七旗市耕地及人工草地养分分级面积统计表

阿巴嘎旗耕地及人工草地养分分级面积统计表

有机质	含量（g/kg）	<9.3	9.3～<17.4	17.4～<36.9	36.9～<46.4	≥46.4		
	面积（hm²）	0.00	1 069.39	1 285.22	0.00	0.00		
	占全旗面积（%）	0.00	45.42	54.58	0.00	0.00		
全氮	含量（g/kg）	<0.77	0.77～<1.12	1.12～<1.97	1.97～<2.38	≥2.38		
	面积（hm²）	10.61	1 355.77	988.22	0.00	0.00		
	占全旗面积（%）	0.45	57.58	41.97	0.00	0.00		
有效磷	含量（mg/kg）	<5.2	5.2～<9.1	9.1～<21.2	21.2～<28.1	≥28.1		
	面积（hm²）	17.81	157.05	1 598.13	581.29	0.32		
	占全旗面积（%）	0.76	6.67	67.87	24.69	0.01		
缓效钾	含量（mg/kg）	<150	150～<200	200～<250	250～<300	300～<350	350～<400	≥400
	面积（hm²）	0.00	0.00	0.00	0.00	0.00	0.00	2 354.61
	占全旗面积（%）	0.00	0.00	0.00	0.00	0.00	0.00	100
速效钾	含量（mg/kg）	<73	73～<106	106～<187	187～<225	≥225		
	面积（hm²）	0.00	0.00	137.84	1 643.30	573.47		
	占全旗面积（%）	0.00	0.00	5.85	69.79	24.36		
有效锰	含量（mg/kg）	<1.0	1.0～<5.0	5.0～<15.0	15.0～<30.0	30.0～<45.0	45.0～<60.0	≥60.0
	面积（hm²）	0.00	0.00	1 835.94	515.00	3.68	0.00	0.00
	占全旗面积（%）	0.00	0.00	77.97	21.87	0.16	0.00	0.00
有效铜	含量（mg/kg）	<0.10	0.10～<0.20	0.20～<1.0	1.0～<1.8	1.8～<2.6	2.6～<3.4	≥3.4
	面积（hm²）	0.00	0.00	1 914.86	439.75	0.00	0.00	0.00
	占全旗面积（%）	0.00	0.00	81.32	18.68	0.00	0.00	0.00
有效锌	含量（mg/kg）	<0.30	0.30～<0.50	0.50～<1.00	1.00～<2.00	2.00～<3.00	3.00～<4.00	≥4.00
	面积（hm²）	1 208.01	518.30	515.02	93.96	19.32	0.00	0.00
	占全旗面积（%）	51.30	22.01	21.87	3.99	0.83	0.00	0.00

（续）

有效硼	含量（mg/kg）	<0.20	0.20～<0.50	0.50～<1.00	1.00～<1.50	1.50～<2.00	2.00～<3.00	≥3.00
	面积（hm²）	0.00	38.89	1 775.27	540.45	0.00	0.00	0.00
	占全旗面积（%）	0.00	1.65	75.40	22.95	0.00	0.00	0.00
有效钼	含量（mg/kg）	<0.10	0.10～<0.15	0.15～<0.20	0.20～<0.30	0.30～<0.40	0.40～<0.50	≥0.50
	面积（hm²）	5.00	2 258.70	74.62	16.30	0.00	0.00	0.00
	占全旗面积（%）	0.21	95.93	3.17	0.69	0.00	0.00	0.00
有效硫	含量（mg/kg）	<10	10～<15	15～<20	20～<30	30～<40	40～<50	≥50
	面积（hm²）	1 907.14	344.64	69.07	33.76	0.00	0.00	0.00
	占全旗面积（%）	81.00	14.64	2.93	1.43	0.00	0.00	0.00
有效硅	含量（mg/kg）	<100	100～<200	200～<300	300～<400	400～<500	500～<600	≥600
	面积（hm²）	45.15	1 813.88	495.57	0.00	0.00	0.00	0.00
	占全旗面积（%）	1.91	77.04	21.05	0.00	0.00	0.00	0.00

东乌珠穆沁旗耕地养分分级面积统计表

有机质	含量（g/kg）	<9.3	9.3～<17.4	17.4～<36.9	36.9～<46.4	≥46.4		
	面积（hm²）	0.00	21.31	339.14	63.46	10 705.11		
	占全旗面积（%）	0.00	0.19	3.05	0.57	96.19		
全氮	含量（g/kg）	<0.77	0.77～<1.12	1.12～<1.97	1.97～<2.38	≥2.38		
	面积（hm²）	21.31	104.06	235.08	34.62	10 733.96		
	占全旗面积（%）	0.19	0.94	2.11	0.31	96.45		
有效磷	含量（mg/kg）	<5.2	5.2～<9.1	9.1～<21.2	21.2～<28.1	≥28.1		
	面积（hm²）	568.56	8 944.58	1 613.26	2.63	0.00		
	占全旗面积（%）	5.11	80.37	14.50	0.02	0.00		

（续）

缓效钾	含量（mg/kg）	＜150	150～＜200	200～＜250	250～＜300	300～＜350	350～＜400	≥400
	面积（hm^2）	0.00	0.00	0.00	0.00	12.18	30.96	11 085.89
	占全旗面积（%）	0.00	0.00	0.00	0.00	0.11	0.28	99.61
速效钾	含量（mg/kg）	＜73	73～＜106	106～＜187	187～＜225	≥225		
	面积（hm^2）	0.00	0.00	164.20	7 667.18	3 297.66		
	占全旗面积（%）	0.00	0.00	1.47	68.90	29.63		
有效锰	含量（mg/kg）	＜1.0	1.0～＜5.0	5.0～＜15.0	15.0～＜30.0	30.0～＜45.0	45.0～＜60.0	≥60.0
	面积（hm^2）	0.00	143.52	7 599.53	3 385.98	0.00	0.00	0.00
	占全旗面积（%）	0.00	1.29	68.29	30.42	0.00	0.00	0.00
有效铜	含量（mg/kg）	＜0.10	0.10～＜0.20	0.20～＜1.0	1.0～＜1.8	1.8～＜2.6	2.6～＜3.4	≥3.4
	面积（hm^2）	0.00	0.00	8 028.09	3 100.94	0.00	0.00	0.00
	占全旗面积（%）	0.00	0.00	72.14	27.86	0.00	0.00	0.00
有效锌	含量（mg/kg）	＜0.30	0.30～＜0.50	0.50～＜1.00	1.00～＜2.00	2.00～＜3.00	3.00～＜4.00	≥4.00
	面积（hm^2）	1 800.01	4 605.81	4 142.28	70.89	111.34	398.71	0.00
	占全旗面积（%）	16.17	41.39	37.22	0.64	1.00	3.58	0.00
有效硼	含量（mg/kg）	＜0.20	0.20～＜0.50	0.50～＜1.00	1.00～＜1.50	1.50～＜2.00	2.00～＜3.00	≥3.00
	面积（hm^2）	0.00	20.04	9 784.75	1 324.25	0.00	0.00	0.00
	占全旗面积（%）	0.00	0.18	87.92	11.90	0.00	0.00	0.00
有效钼	含量（mg/kg）	＜0.10	0.10～＜0.15	0.15～＜0.20	0.20～＜0.30	0.30～＜0.40	0.40～＜0.50	≥0.50
	面积（hm^2）	528.51	10 133.59	429.60	37.33	0.00	0.00	0.00
	占全旗面积（%）	4.75	91.06	3.86	0.33	0.00	0.00	0.00
有效硫	含量（mg/kg）	＜10	10～＜15	15～＜20	20～＜30	30～＜40	40～＜50	≥50
	面积（hm^2）	7 694.79	1 366.45	1 885.33	104.27	77.74	0.00	0.44
	占全旗面积（%）	69.14	12.28	16.94	0.94	0.70	0.00	0.00

（续）

有效硅	含量（mg/kg）	<100	100～<200	200～<300	300～<400	400～<500	500～<600	≥600
	面积（hm^2）	1 152.56	6 856.85	3 108.57	11.06	0.00	0.00	0.00
	占全旗面积（%）	10.36	61.61	27.93	0.10	0.00	0.00	0.00

二连浩特市耕地养分分级面积统计表

有机质	含量（g/kg）	<9.3	9.3～<17.4	17.4～<36.9	36.9～<46.4	≥46.4		
	面积（hm^2）	0.00	10.31	0.06	0.00	0.00		
	占全市面积（%）	0.00	99.42	0.58	0.00	0.00		
全氮	含量（g/kg）	<0.77	0.77～<1.12	1.12～<1.97	1.97～<2.38	≥2.38		
	面积（hm^2）	10.31	0.00	0.06	0.00	0.00		
	占全市面积（%）	99.46	0.00	0.54	0.00	0.00		
有效磷	含量（mg/kg）	<5.2	5.2～<9.1	9.1～<21.2	21.2～<28.1	≥28.1		
	面积（hm^2）	0.00	10.31	0.06	0.00	0.00		
	占全市面积（%）	0.00	99.46	0.54	0.00	0.00		
缓效钾	含量（mg/kg）	<150	150～<200	200～<250	250～<300	300～<350	350～<400	≥400
	面积（hm^2）	0.00	0.00	0.00	0.00	0.00	0.00	10.37
	占全市面积（%）	0.00	0.00	0.00	0.00	0.00	0.00	100
速效钾	含量（mg/kg）	<73	73～<106	106～<187	187～<225	≥225		
	面积（hm^2）	0.00	10.31	0.06	0.00	0.00		
	占全市面积（%）	0.00	99.46	0.54	0.00	0.00		
有效锰	含量（mg/kg）	<1.0	1.0～<5.0	5.0～<15.0	15.0～<30.0	30.0～<45.0	45.0～<60.0	≥60.0
	面积（hm^2）	0.00	0.00	10.37	0.00	0.00	0.00	0.00
	占全市面积（%）	0.00	0.00	100	0.00	0.00	0.00	0.00
有效铜	含量（mg/kg）	<0.10	0.10～<0.20	0.20～<1.0	1.0～<1.8	1.8～<2.6	2.6～<3.4	≥3.4
	面积（hm^2）	0.00	0.00	10.37	0.00	0.00	0.00	0.00
	占全市面积（%）	0.00	0.00	100	0.00	0.00	0.00	0.00

（续）

项目	指标							
有效锌	含量（mg/kg）	<0.30	0.30～<0.50	0.50～<1.00	1.00～<2.00	2.00～<3.00	3.00～<4.00	≥4.00
	面积（hm²）	10.31	0.06	0.00	0.00	0.00	0.00	0.00
	占全市面积（%）	99.46	0.54	0.00	0.00	0.00	0.00	0.00
有效硼	含量（mg/kg）	<0.20	0.20～<0.50	0.50～<1.00	1.00～<1.50	1.50～<2.00	2.00～<3.00	≥3.00
	面积（hm²）	0.00	0.00	0.06	10.31	0.00	0.00	0.00
	占全市面积（%）	0.00	0.00	0.54	99.46	0.00	0.00	0.00
有效钼	含量（mg/kg）	<0.10	0.10～<0.15	0.15～<0.20	0.20～<0.30	0.30～<0.40	0.40～<0.50	≥0.50
	面积（hm²）	0.00	10.37	0.00	0.00	0.00	0.00	0.00
	占全市面积（%）	0.00	100	0.00	0.00	0.00	0.00	0.00
有效硫	含量（mg/kg）	<10	10～<15	15～<20	20～<30	30～<40	40～<50	≥50
	面积（hm²）	10.31	0.06	0.00	0.00	0.00	0.00	0.00
	占全市面积（%）	99.46	0.54	0.00	0.00	0.00	0.00	0.00
有效硅	含量（mg/kg）	<100	100～<200	200～<300	300～<400	400～<500	500～<600	≥600
	面积（hm²）	0.00	10.37	0.00	0.00	0.00	0.00	0.00
	占全市面积（%）	0.00	100	0.00	0.00	0.00	0.00	0.00

苏尼特右旗耕地养分分级面积统计表

项目	指标							
有机质	含量（g/kg）	<9.3	9.3～<17.4	17.4～<36.9	36.9～<46.4	≥46.4		
	面积（hm²）	314.84	5 925.85	496.76	0.00	0.00		
	占全旗面积（%）	4.67	87.95	7.38	0.00	0.00		
全氮	含量（g/kg）	<0.77	0.77～<1.12	1.12～<1.97	1.97～<2.38	≥2.38		
	面积（hm²）	2 432.31	3 158.14	1 147.01	0.00	0.00		
	占全旗面积（%）	36.11	46.87	17.02	0.00	0.00		

（续）

有效磷	含量（mg/kg）	<5.2	5.2～<9.1	9.1～<21.2	21.2～<28.1	≥28.1		
	面积（hm^2）	1 093.23	2 146.00	3 445.57	52.66	0.00		
	占全旗面积（%）	16.23	31.85	51.14	0.78	0.00		
缓效钾	含量（mg/kg）	<150	150～<200	200～<250	250～<300	300～<350	350～<400	≥400
	面积（hm^2）	0.00	0.00	0.00	0.00	3.37	86.06	6 648.03
	占全旗面积（%）	0.00	0.00	0.00	0.00	0.05	1.28	98.67
速效钾	含量（mg/kg）	<73	73～<106	106～<187	187～<225	≥225		
	面积（hm^2）	4.01	559.87	4 127.63	1 379.30	666.6 511		
	占全旗面积（%）	0.06	8.32	61.26	20.47	9.89		
有效锰	含量（mg/kg）	<1.0	1.0～<5.0	5.0～<15.0	15.0～<30.0	30.0～<45.0	45.0～<60.0	≥60.0
	面积（hm^2）	0.00	13.87	3 536.18	3 160.32	27.09	0.00	0.00
	占全旗面积（%）	0.00	0.20	52.49	46.91	0.40	0.00	0.00
有效铜	含量（mg/kg）	<0.10	0.10～<0.20	0.20～<1.0	1.0～<1.8	1.8～<2.6	2.6～<3.4	≥3.4
	面积（hm^2）	0.00	13.33	3 706.31	3 017.82	0.00	0.00	0.00
	占全旗面积（%）	0.00	0.20	55.01	44.79	0.00	0.00	0.00
有效锌	含量（mg/kg）	<0.30	0.30～<0.50	0.50～<1.00	1.00～<2.00	2.00～<3.00	3.00～<4.00	≥4.00
	面积（hm^2）	1 172.16	1 979.17	3 513.79	42.04	17.48	5.68	7.15
	占全旗面积（%）	17.40	29.38	52.15	0.62	0.26	0.08	0.11
有效硼	含量（mg/kg）	<0.20	0.20～<0.50	0.50～<1.00	1.00～<1.50	1.50～<2.00	2.00～<3.00	≥3.00
	面积（hm^2）	0.00	1 766.43	4 877.09	63.80	30.15	0.00	0.00
	占全旗面积（%）	0.00	26.22	72.38	0.95	0.45	0.00	0.00
有效钼	含量（mg/kg）	<0.10	0.10～<0.15	0.15～<0.20	0.20～<0.30	0.30～<0.40	0.40～<0.50	≥0.50
	面积（hm^2）	30.22	6 544.70	162.54	0.00	0.00	0.00	0.00
	占全旗面积（%）	0.45	97.14	2.41	0.00	0.00	0.00	0.00

（续）

有效硫	含量（mg/kg）	＜10	10～＜15	15～＜20	20～＜30	30～＜40	40～＜50	≥50
	面积（hm^2）	5 252.99	425.16	530.85	313.31	117.97	97.18	0.00
	占全旗面积（%）	77.97	6.31	7.88	4.65	1.75	1.44	0.00
有效硅	含量（mg/kg）	＜100	100～＜200	200～＜300	300～＜400	400～＜500	500～＜600	≥600
	面积（hm^2）	346.20	3 819.55	2 541.77	29.94	0.00	0.00	0.00
	占全旗面积（%）	5.14	56.69	37.73	0.44	0.00	0.00	0.00

苏尼特左旗耕地养分分级面积统计表

有机质	含量（g/kg）	＜9.3	9.3～＜17.4	17.4～＜36.9	36.9～＜46.4	≥46.4		
	面积（hm^2）	805.11	1 252.70	421.81	0.00	0.00		
	占全旗面积（%）	32.47	50.52	17.01	0.00	0.00		
全氮	含量（g/kg）	＜0.77	0.77～＜1.12	1.12～＜1.97	1.97～＜2.38	≥2.38		
	面积（hm^2）	1 721.97	335.85	421.81	0.00	0.00		
	占全旗面积（%）	69.44	13.54	17.02	0.00	0.00		
有效磷	含量（mg/kg）	＜5.2	5.2～＜9.1	9.1～＜21.2	21.2～＜28.1	≥28.1		
	面积（hm^2）	868.94	713.70	669.88	156.04	71.06		
	占全旗面积（%）	35.04	28.78	27.02	6.29	2.87		
缓效钾	含量（mg/kg）	＜150	150～＜200	200～＜250	250～＜300	300～＜350	350～＜400	≥400
	面积（hm^2）	0.00	0.00	0.00	18.09	390.34	74.81	1 996.38
	占全旗面积（%）	0.00	0.00	0.00	0.73	15.74	3.02	80.51
速效钾	含量（mg/kg）	＜73	73～＜106	106～＜187	187～＜225	≥225		
	面积（hm^2）	0.00	724.44	1 610.63	144.56	0.00		
	占全旗面积（%）	0.00	29.22	64.95	5.83	0.00		

（续）

有效锰	含量（mg/kg）	<1.0	1.0～<5.0	5.0～<15.0	15.0～<30.0	30.0～<45.0	45.0～<60.0	≥60.0
	面积（hm^2）	0.00	111.94	1 763.59	604.09	0.00	0.00	0.00
	占全旗面积（%）	0.00	4.52	71.12	24.36	0.00	0.00	0.00
有效铜	含量（mg/kg）	<0.10	0.10～<0.20	0.20～<1.0	1.0～<1.8	1.8～<2.6	2.6～<3.4	≥3.4
	面积（hm^2）	0.00	73.89	1 929.41	476.32	0.00	0.00	0.00
	占全旗面积（%）	0.00	2.98	77.81	19.21	0.00	0.00	0.00
有效锌	含量（mg/kg）	<0.30	0.30～<0.50	0.50～<1.00	1.00～<2.00	2.00～<3.00	3.00～<4.00	≥4.00
	面积（hm^2）	724.17	802.89	929.92	22.65	0.00	0.00	0.00
	占全旗面积（%）	29.20	32.38	37.50	0.92	0.00	0.00	0.00
有效硼	含量（mg/kg）	<0.20	0.20～<0.50	0.50～<1.00	1.00～<1.50	1.50～<2.00	2.00～<3.00	≥3.00
	面积（hm^2）	0.00	696.22	698.15	870.55	214.71	0.00	0.00
	占全旗面积（%）	0.00	28.08	28.16	35.11	8.65	0.00	0.00
有效钼	含量（mg/kg）	<0.10	0.10～<0.15	0.15～<0.20	0.20～<0.30	0.30～<0.40	0.40～<0.50	≥0.50
	面积（hm^2）	7.58	2 379.25	92.80	0.00	0.00	0.00	0.00
	占全旗面积（%）	0.31	95.95	3.74	0.00	0.00	0.00	0.00
有效硫	含量（mg/kg）	<10	10～<15	15～<20	20～<30	30～<40	40～<50	≥50
	面积（hm^2）	1 256.21	550.18	252.58	399.53	8.27	12.86	0.00
	占全旗面积（%）	50.66	22.19	10.19	16.11	0.33	0.52	0.00
有效硅	含量（mg/kg）	<100	100～<200	200～<300	300～<400	400～<500	500～<600	≥600
	面积（hm^2）	93.23	1 904.44	461.69	20.26	0.00	0.00	0.00
	占全旗面积（%）	3.76	76.80	18.62	0.82	0.00	0.00	0.00

西乌珠穆沁旗耕地养分分级面积统计表

有机质	含量（g/kg）	<9.3	9.3～<17.4	17.4～<36.9	36.9～<46.4	≥46.4		
	面积（hm^2）	0.00	3 132.91	6 413.50	777.41	759.87		
	占全旗面积（%）	0.00	28.27	57.86	7.01	6.86		
全氮	含量（g/kg）	<0.77	0.77～<1.12	1.12～<1.97	1.97～<2.38	≥2.38		
	面积（hm^2）	33.62	3 335.83	5 936.56	1 248.01	529.68		
	占全旗面积（%）	0.30	30.10	53.56	11.26	4.78		
有效磷	含量（mg/kg）	<5.2	5.2～<9.1	9.1～<21.2	21.2～<28.1	≥28.1		
	面积（hm^2）	4 218.65	5 248.51	1 616.53	0.00	0.00		
	占全旗面积（%）	38.06	47.36	14.58	0.00	0.00		
缓效钾	含量（mg/kg）	<150	150～<200	200～<250	250～<300	300～<350	350～<400	≥400
	面积（hm^2）	0.00	0.00	0.00	0.00	0.00	603.33	10 480.36
	占全旗面积（%）	0.00	0.00	0.00	0.00	0.00	5.44	94.56
速效钾	含量（mg/kg）	<73	73～<106	106～<187	187～<225	≥225		
	面积（hm^2）	19.89	5 154.21	5 572.28	306.70	30.62		
	占全旗面积（%）	0.18	46.50	50.27	2.77	0.28		
有效锰	含量（mg/kg）	<1.0	1.0～<5.0	5.0～<15.0	15.0～<30.0	30.0～<45.0	45.0～<60.0	≥60.0
	面积（hm^2）	0.00	94.82	6 305.50	4 518.42	164.95	0.00	0.00
	占全旗面积（%）	0.00	0.85	56.89	40.77	1.49	0.00	0.00
有效铜	含量（mg/kg）	<0.10	0.10～<0.20	0.20～<1.0	1.0～<1.8	1.8～<2.6	2.6～<3.4	≥3.4
	面积（hm^2）	0.00	0.00	6 326.98	4 756.71	0.00	0.00	0.00
	占全旗面积（%）	0.00	0.00	57.08	42.92	0.00	0.00	0.00
有效锌	含量（mg/kg）	<0.30	0.30～<0.50	0.50～<1.00	1.00～<2.00	2.00～<3.00	3.00～<4.00	≥4.00
	面积（hm^2）	2 068.37	3 674.95	5 107.77	166.42	62.18	4.0 085 481	0.00
	占全旗面积（%）	18.66	33.16	46.08	1.50	0.56	0.04	0.00

（续）

有效硼	含量（mg/kg）	<0.20	0.20～<0.50	0.50～<1.00	1.00～<1.50	1.50～<2.00	2.00～<3.00	≥3.00
	面积（hm²）	0.00	5 565.69	5 518.01	0.00	0.00	0.00	0.00
	占全旗面积（%）	0.00	50.22	49.78	0.00	0.00	0.00	0.00
有效钼	含量（mg/kg）	<0.10	0.10～<0.15	0.15～<0.20	0.20～<0.30	0.30～<0.40	0.40～<0.50	≥0.50
	面积（hm²）	232.25	10 480.75	271.80	98.90	0.00	0.00	0.00
	占全旗面积（%）	2.10	94.56	2.45	0.89	0.00	0.00	0.00
有效硫	含量（mg/kg）	<10	10～<15	15～<20	20～<30	30～<40	40～<50	≥50
	面积（hm²）	8 862.86	1 370.47	541.47	150.87	39.97	117.81	0.24
	占全旗面积（%）	79.96	12.36	4.89	1.36	0.36	1.06	0.01
有效硅	含量（mg/kg）	<100	100～<200	200～<300	300～<400	400～<500	500～<600	≥600
	面积（hm²）	453.95	5 988.75	4 590.92	50.08	0.00	0.00	0.00
	占全旗面积（%）	4.10	54.03	41.42	0.45	0.00	0.00	0.00

镶黄旗耕地养分分级面积统计表

有机质	含量（g/kg）	<9.3	9.3～<17.4	17.4～<36.9	36.9～<46.4	≥46.4		
	面积（hm²）	0.00	1 898.81	4 398.24	0.00	0.00		
	占全旗面积（%）	0.00	30.15	69.85	0.00	0.00		
全氮	含量（g/kg）	<0.77	0.77～<1.12	1.12～<1.97	1.97～<2.38	≥2.38		
	面积（hm²）	207.20	3 170.72	2 900.9 301	18.20	0.00		
	占全旗面积（%）	3.29	50.35	46.07	0.29	0.00		
有效磷	含量（mg/kg）	<5.2	5.2～<9.1	9.1～<21.2	21.2～<28.1	≥28.1		
	面积（hm²）	3 204.33	1 866.04	1 226.68	0.00	0.00		
	占全旗面积（%）	50.89	29.63	19.48	0.00	0.00		
缓效钾	含量（mg/kg）	<150	150～<200	200～<250	250～<300	300～<350	350～<400	≥400
	面积（hm²）	0.00	0.00	0.00	0.00	8.93	56.84	6 231.27
	占全旗面积（%）	0.00	0.00	0.00	0.00	0.14	0.90	98.96

（续）

速效钾	含量（mg/kg）	<73	73～<106	106～<187	187～<225	≥225		
	面积（hm^2）	0.00	55.945	3 628.52	1 410.74	1 201.84		
	占全旗面积（%）	0.00	0.89	57.62	22.40	19.09		
有效锰	含量（mg/kg）	<1.0	1.0～<5.0	5.0～<15.0	15.0～<30.0	30.0～<45.0	45.0～<60.0	≥60.0
	面积（hm^2）	0.00	5.06	3 366.29	2 913.38	12.31	0.00	0.00
	占全旗面积（%）	0.00	0.08	53.46	46.26	0.20	0.00	0.00
有效铜	含量（mg/kg）	<0.10	0.10～<0.20	0.20～<1.0	1.0～<1.8	1.8～<2.6	2.6～<3.4	≥3.4
	面积（hm^2）	0.00	0.66	3 382.74	2 913.65	0.00	0.00	0.00
	占全旗面积（%）	0.00	0.01	53.72	46.27	0.00	0.00	0.00
有效锌	含量（mg/kg）	<0.30	0.30～<0.50	0.50～<1.00	1.00～<2.00	2.00～<3.00	3.00～<4.00	≥4.00
	面积（hm^2）	782.14	2 099.91	3 294.55	91.22	28.31	0.00	0.92
	占全旗面积（%）	12.42	33.35	52.32	1.45	0.45	0.00	0.01
有效硼	含量（mg/kg）	<0.20	0.20～<0.50	0.50～<1.00	1.00～<1.50	1.50～<2.00	2.00～<3.00	≥3.00
	面积（hm^2）	0.00	3 455.51	2 762.61	78.93	0.00	0.00	0.00
	占全旗面积（%）	0.00	54.88	43.87	1.25	0.00	0.00	0.00
有效钼	含量（mg/kg）	<0.10	0.10～<0.15	0.15～<0.20	0.20～<0.30	0.30～<0.40	0.40～<0.50	≥0.50
	面积（hm^2）	39.0 921	5 828.91	429.04	0.00	0.00	0.00	0.00
	占全旗面积（%）	0.62	92.57	6.81	0.00	0.00	0.00	0.00
有效硫	含量（mg/kg）	<10	10～<15	15～<20	20～<30	30～<40	40～<50	≥50
	面积（hm^2）	4 749.81	821.20	581.75	72.66	46.73	10.31	14.58
	占全旗面积（%）	75.43	13.04	9.24	1.15	0.74	0.16	0.24
有效硅	含量（mg/kg）	<100	100～<200	200～<300	300～<400	400～<500	500～<600	≥600
	面积（hm^2）	258.54	3 703.55	2 308.48	26.47	0.00	0.00	0.00
	占全旗面积（%）	4.11	58.81	36.66	0.42	0.00	0.00	0.00

附表 4　锡林郭勒盟牧区七旗市各嘎查（村）土壤理化性状数据表

县市名称	苏木（乡镇）名称	嘎查（村）名称	土属	有机质 (g/kg)	全氮 (g/kg)	有效磷 (mg/kg)	速效钾 (mg/kg)	碱解氮 (mg/kg)	全磷 (g/kg)	全钾 (g/kg)	缓效钾 (mg/kg)	阳离子交换量 [cmol (+) /kg]	有效锰 (mg/kg)	有效铜 (mg/kg)	有效锌 (mg/kg)	有效硼 (mg/kg)	有效钼 (mg/kg)	有效硅 (mg/kg)
阿巴嘎旗	阿巴嘎旗平均			20.0	1.093	11.3	198	82.8	0.396	27.3	567	16.0	9.14	0.41	0.42	0.71	0.130	172
	别力古台镇	阿拉塔杭盖嘎查	平均值	23.1	1.306	18.5	189	91.8	0.304	30.0	511	10.1	8.31	0.44	0.41	1.11	0.123	93
			氯化物草甸盐土	29.4	1.701	23.7	200	122.1	0.409	30.0	531	10.9	9.33	0.49	0.37	1.04	0.160	141
			砂砾岩栗钙土	21.6	1.207	17.2	187	84.2	0.278	30.0	506	9.9	8.06	0.43	0.42	1.13	0.114	82
		敖伦宝拉格嘎查	平均值	24.8	1.406	16.4	263	141.2	0.452	26.5	597	16.5	17.30	0.82	1.06	0.63	0.128	186
			冲洪积栗钙土	24.5	1.396	16.3	262	140.1	0.558	24.5	590	21.4	22.53	1.02	1.05	0.63	0.132	222
			坡洪积栗钙土	23.8	1.373	16.1	260	138.2	0.311	29.5	678	9.4	10.27	0.66	0.30	0.61	0.128	136
			盐化草甸栗钙土	26.8	1.470	16.9	270	147.2	0.274	29.3	534	8.7	8.61	0.41	1.83	0.68	0.115	126
		巴彦塔拉嘎查	平均值	20.4	1.156	8.9	176	84.9	0.521	21.9	601	25.6	26.18	1.28	0.72	0.61	0.140	223
			结晶岩栗钙土	20.0	1.141	7.9	158	75.9	0.521	21.9	600	25.6	26.14	1.28	0.72	0.61	0.140	221
			砂砾岩栗钙土	20.8	1.170	10.0	194	93.8	0.520	21.9	601	25.6	26.21	1.28	0.72	0.61	0.140	224
		巴彦乌拉嘎查	平均值	18.6	1.074	22.9	258	80.1	0.571	21.9	616	26.6	26.81	1.35	0.74	0.80	0.134	245
			氯化物盐化栗钙土	18.7	1.077	16.8	249	79.6	0.554	18.8	623	26.2	26.85	1.39	0.76	0.88	0.142	252
			砂砾岩栗钙土	18.5	1.071	29.0	267	80.6	0.588	25.0	608	27.1	26.77	1.31	0.72	0.72	0.126	237
		恩格尔哈夏图嘎查	平均值	25.3	1.370	16.9	251	142.2	0.447	24.4	536	20.5	20.83	1.02	1.16	0.68	0.133	196
			结晶岩栗钙土	23.9	1.229	17.2	218	137.3	0.521	21.9	604	25.6	26.51	1.29	0.72	0.71	0.141	227
			坡洪积栗钙土	24.9	1.417	16.4	263	141.4	0.521	21.8	606	25.6	26.60	1.30	0.72	0.63	0.141	231
			盐化草甸栗钙土	27.1	1.463	17.1	271	147.8	0.300	29.4	547	10.4	9.39	0.47	2.04	0.71	0.116	129
		阿日哈夏图嘎查	砂砾岩栗钙土	21.6	1.143	10.3	143	95.9	0.273	29.6	569	8.5	9.13	0.49	1.74	0.76	0.116	134
	巴彦图嘎苏木	巴彦德勒格尔嘎查	结晶岩栗钙土	19.4	1.104	22.1	292	79.7	0.412	24.9	577	17.6	17.89	0.90	1.32	0.71	0.128	187
		巴彦图嘎嘎查	坡洪积暗栗钙土	30.5	1.668	22.5	218	108.2	0.361	29.9	514	9.2	10.01	0.50	0.70	1.14	0.139	172
		德力格尔宝拉格嘎查	平均值	27.4	1.497	21.3	206	96.8	0.333	29.1	577	10.3	9.05	0.55	0.54	0.97	0.131	152
			结晶岩淡栗钙土	28.9	1.570	23.9	216	100.4	0.290	29.7	491	9.5	7.96	0.38	0.29	1.02	0.129	155
			氯化物草甸盐土	24.8	1.370	16.8	188	90.5	0.324	27.9	633	9.8	8.10	0.68	0.37	0.87	0.125	164
			氯化物盐化栗钙土	28.9	1.570	23.9	216	100.4	0.382	29.0	595	11.2	10.45	0.62	0.43	1.02	0.140	162
			坡洪积淡栗钙土	27.3	1.490	21.0	205	96.4	0.317	29.5	561	10.2	8.80	0.48	0.73	0.96	0.128	141
	洪格尔高勒镇	巴彦洪格尔嘎查	平均值	19.8	1.085	7.9	173	80.3	0.538	26.5	588	22.9	19.51	0.88	0.46	0.65	0.126	211
			半固定草甸风沙土	20.7	1.169	9.8	159	80.6	0.485	28.0	570	18.6	12.49	0.47	0.21	0.72	0.126	186
			冲洪积栗钙土	18.9	1.000	6.0	187	79.9	0.590	25.0	605	27.2	26.52	1.29	0.72	0.58	0.126	236

（续）

县市名称	苏木（乡镇）名称	嘎查（村）名称	土属	有机质(g/kg)	全氮(g/kg)	有效磷(mg/kg)	速效钾(mg/kg)	碱解氮(mg/kg)	全磷(g/kg)	全钾(g/kg)	缓效钾(mg/kg)	阳离子交换量［cmol(＋)/kg］	有效锰(mg/kg)	有效铜(mg/kg)	有效锌(mg/kg)	有效硼(mg/kg)	有效钼(mg/kg)	有效硅(mg/kg)
阿巴嘎旗	洪格尔高勒镇	辉腾高勒嘎查	平均值	19.1	1.018	6.4	184	80.1	0.468	27.2	564	18.0	16.30	0.82	0.54	0.62	0.129	187
			半固定草甸风沙土	18.9	1.000	6.0	187	79.9	0.387	28.3	539	11.9	10.90	0.60	0.41	0.58	0.136	162
			冲洪积栗钙土	19.1	1.019	6.4	184	80.1	0.473	27.1	566	18.4	16.60	0.83	0.54	0.63	0.129	188
		萨如拉锡力嘎查	平均值	17.9	0.953	5.4	172	75.0	0.557	23.5	604	26.4	26.42	1.29	0.72	0.58	0.135	229
			坡洪积栗钙土	17.9	0.953	5.4	172	74.9	0.593	25.1	599	27.3	26.09	1.27	0.72	0.58	0.128	225
			砂砾岩栗钙土	17.9	0.953	5.4	172	75.0	0.521	21.9	608	25.6	26.75	1.30	0.72	0.58	0.141	232
		巴彦青格尔嘎查	平均值	19.4	1.019	6.7	169	77.0	0.361	27.4	571	14.0	12.52	0.77	0.48	0.64	0.130	172
			半固定草甸风沙土	19.5	1.016	6.7	167	76.2	0.341	28.7	585	13.0	11.07	0.74	0.71	0.63	0.134	159
			半固定草灌风沙土	19.3	1.003	6.4	170	77.4	0.387	26.9	584	15.1	13.61	0.83	0.41	0.66	0.129	180
			半固定林灌风沙土	19.5	1.031	6.9	169	77.0	0.322	28.7	546	11.3	9.72	0.64	0.41	0.63	0.127	162
			半固定生草风沙土	19.2	0.974	5.9	167	73.4	0.255	30.0	591	8.3	6.89	0.57	0.29	0.60	0.132	152
			风积栗钙土	19.5	1.033	6.9	173	77.7	0.441	23.3	583	20.1	19.52	1.04	0.52	0.64	0.134	200
	吉尔嘎郎图苏木	巴彦门都嘎查	结晶岩暗栗钙土	19.8	1.138	17.5	304	88.8	0.510	28.3	624	18.4	18.77	0.64	0.45	0.72	0.127	231
		乌力吉图嘎查	平均值	20.0	1.144	18.5	301	88.8	0.410	28.7	543	14.9	14.39	0.61	0.43	0.75	0.130	163
			氯化物盐化潮土	20.0	1.144	18.5	301	88.8	0.410	28.7	544	14.7	14.41	0.61	0.42	0.75	0.131	161
			砂砾岩栗钙土	20.0	1.144	18.5	301	88.8	0.410	28.7	542	15.1	14.37	0.61	0.43	0.75	0.130	165
		新宝拉格嘎查	平均值	20.5	1.176	14.8	229	89.4	0.338	29.2	514	11.0	9.30	0.45	0.38	0.73	0.134	147
			风积栗钙土	20.7	1.169	9.8	159	80.6	0.387	28.3	539	11.9	10.90	0.60	0.41	0.72	0.136	162
			砂砾岩栗钙土	20.3	1.182	19.9	298	98.2	0.289	30.0	488	10.0	7.70	0.31	0.34	0.74	0.131	131
	那仁宝拉格苏木	巴彦锡力嘎查	平均值	11.0	0.742	10.8	198	36.1	0.404	23.6	584	17.4	17.71	0.96	0.79	0.45	0.121	157
			结晶岩棕钙土	11.0	0.737	10.5	196	36.3	0.254	28.4	551	8.6	8.85	0.50	0.93	0.45	0.099	101
			砂砾岩棕钙土	11.0	0.747	11.1	199	35.9	0.554	18.8	617	26.1	26.56	1.41	0.66	0.45	0.142	213
		阿拉坦陶高图嘎查	结晶岩栗钙土	13.5	0.813	11.8	190	45.6	0.403	28.7	508	14.6	13.26	0.60	0.42	0.79	0.130	166
		都新高毕嘎查	砂砾岩棕钙土	15.1	0.863	10.8	179	57.8	0.278	30.0	578	9.6	9.60	0.54	0.49	1.21	0.118	85
		额尔敦敖包嘎查	平均值	13.6	0.815	11.8	189	57.5	0.394	26.2	493	14.7	12.97	0.70	0.34	0.78	0.134	159
			结晶岩栗钙土	13.6	0.815	11.8	189	63.2	0.463	24.3	521	18.6	16.36	0.89	0.39	0.76	0.133	175
			砂砾岩栗钙土	13.6	0.815	11.8	189	46.0	0.256	30.0	437	7.0	6.19	0.31	0.24	0.82	0.136	128
		那日图嘎查	平均值	11.0	0.737	10.6	197	58.5	0.367	28.0	648	12.1	8.77	0.58	0.79	0.58	0.106	135
			泥质岩淡栗钙土	11.0	0.737	10.6	197	36.3	0.246	28.2	559	8.4	9.06	0.58	1.00	0.45	0.093	100
			坡洪积淡栗钙土	11.0	0.737	10.6	197	80.6	0.488	27.8	736	15.7	8.48	0.58	0.58	0.72	0.119	169

（续）

县市名称	苏木（乡镇）名称	嘎查（村）名称	土属	有机质（g/kg）	全氮（g/kg）	有效磷（mg/kg）	速效钾（mg/kg）	碱解氮（mg/kg）	全磷（g/kg）	全钾（g/kg）	缓效钾（mg/kg）	阳离子交换量［cmol（+）/kg］	有效锰（mg/kg）	有效铜（mg/kg）	有效锌（mg/kg）	有效硼（mg/kg）	有效钼（mg/kg）	有效硅（mg/kg）
阿巴嘎旗	那仁宝拉格苏木	萨如拉塔拉嘎查	坡洪积淡栗钙土	18.1	1.018	23.4	238	66.6	0.335	29.3	524	8.6	8.98	0.47	0.30	1.31	0.123	166
	查干淖尔镇	查干淖尔嘎查	碱化栗钙土	12.4	0.772	3.0	121	50.1	0.512	25.0	694	20.7	18.63	1.05	0.59	0.38	0.132	202
		乌兰图嘎嘎查	碱化栗钙土	16.9	1.046	5.8	191	75.1	0.470	29.5	461	9.8	8.02	0.36	0.54	0.41	0.130	176
东乌珠穆沁旗	东乌珠穆沁旗平均			47.6	2.557	12.1	214	185.3	0.421	26.3	573	16.6	15.26	0.95	0.54	0.68	0.130	180
	嘎海乐苏木	阿尔善宝拉格嘎查	黄土状淡黑钙土	54.2	2.705	7.7	226	200.8	0.295	30.0	468	11.5	9.45	0.26	0.52	0.80	0.136	87
		巴彦高勒嘎查	盐化草甸土	49.7	2.590	6.6	216	193.5	0.585	25.0	614	27.1	27.26	1.33	0.73	0.60	0.126	237
		哈达图嘎查	平均值	46.6	2.418	7.2	209	180.7	0.506	24.1	586	23.3	23.09	1.12	0.69	0.63	0.132	205
			冲洪积暗栗钙土	49.7	2.591	6.6	216	193.4	0.519	21.9	627	25.6	27.48	1.34	0.73	0.60	0.139	236
			黄土状淡黑钙土	49.4	2.543	6.9	214	193.1	0.542	23.0	603	26.1	26.58	1.27	0.71	0.63	0.133	232
			壤质草甸栗钙土	43.8	2.274	7.6	202	168.2	0.479	25.5	563	20.7	19.25	0.94	0.66	0.65	0.129	176
			沙质石灰性草甸土	49.7	2.591	6.6	216	193.4	0.519	21.9	616	25.6	27.40	1.33	0.73	0.60	0.139	236
		巴彦宝拉格嘎查	结晶岩淡黑钙土	54.2	2.705	7.7	226	200.7	0.290	30.0	485	10.2	8.93	0.27	0.44	0.80	0.126	93
	阿拉坦合力苏木	阿拉坦合力嘎查	平均值	19.7	1.110	14.0	220	84.1	0.392	28.4	578	15.6	15.89	0.83	0.46	0.73	0.135	147
			洪冲积栗钙土	19.4	1.090	15.4	240	87.5	0.294	30.0	536	11.5	13.20	0.72	0.35	0.74	0.138	92
			砂砾岩栗钙土	19.8	1.116	13.5	213	82.9	0.424	27.8	575	16.9	16.78	0.87	0.49	0.72	0.134	165
		巴达拉呼嘎查	坡洪积暗栗钙土	19.8	1.138	17.5	304	88.8	0.387	28.3	539	11.9	10.90	0.60	0.41	0.72	0.136	162
	乌里雅斯太镇	阿木古楞宝拉格嘎查	壤质草甸栗钙土	31.1	1.703	11.7	223	122.1	0.340	29.2	514	11.1	9.86	0.44	0.42	0.70	0.133	127
		哈拉盖图嘎查	风积暗栗钙土	11.0	0.605	6.8	153	45.6	0.554	18.8	617	26.1	26.51	1.41	0.66	0.60	0.142	265
		翁图社区	风积暗栗钙土	12.5	0.755	6.8	151	48.5	0.592	25.1	599	27.2	26.08	1.27	0.72	0.44	0.129	220
		达布希拉图嘎查	平均值	37.7	2.112	10.1	183	125.2	0.446	23.2	597	20.5	20.57	1.04	0.76	0.76	0.134	195
			泥质岩暗栗钙土	38.8	2.306	6.9	190	132.9	0.486	22.6	595	22.9	23.56	1.18	0.90	0.71	0.137	206
			坡洪积暗栗钙土	38.4	2.298	6.7	189	80.6	0.554	18.8	636	26.1	26.40	1.41	0.69	0.72	0.142	245
			砂砾岩栗钙土	34.4	1.440	21.7	161	124.4	0.272	27.0	584	10.3	8.71	0.45	0.35	0.94	0.121	139
	满都呼宝拉格镇	巴彦布日都嘎查	平均值	52.8	2.632	7.5	195	188.9	0.345	29.4	555	13.4	13.07	0.65	0.56	0.76	0.138	133
			黄土状黑钙土	53.9	2.672	7.4	206	191.8	0.427	28.8	493	16.0	12.80	0.50	1.01	0.80	0.130	175
			结晶岩暗灰色森林土	52.3	2.612	7.6	190	187.3	0.304	29.7	586	11.7	13.20	0.72	0.33	0.74	0.142	116
			沙质草甸黑钙土	52.3	2.613	7.6	190	187.4	0.304	29.7	586	12.4	13.20	0.72	0.34	0.74	0.141	109

（续）

县市名称	苏木（乡镇）名称	嘎查（村）名称	土属	有机质 (g/kg)	全氮 (g/kg)	有效磷 (mg/kg)	速效钾 (mg/kg)	碱解氮 (mg/kg)	全磷 (g/kg)	全钾 (g/kg)	缓效钾 (mg/kg)	阳离子交换量［cmol（+）/kg］	有效锰 (mg/kg)	有效铜 (mg/kg)	有效锌 (mg/kg)	有效硼 (mg/kg)	有效钼 (mg/kg)	有效硅 (mg/kg)
东乌珠穆沁旗	满都呼宝拉格镇	满都呼宝拉格嘎查	平均值	52.3	2.620	7.8	221	194.3	0.355	28.4	543	13.3	11.38	0.65	0.65	0.78	0.138	148
			黄土状淡黑钙土	53.9	2.699	7.7	224	200.7	0.381	28.0	521	14.5	11.96	0.66	0.38	0.78	0.139	154
			黄土状黑钙土	54.2	2.703	7.6	225	200.5	0.340	29.2	563	11.9	10.90	0.60	1.25	0.79	0.135	142
			结晶岩淡黑钙土	47.5	2.396	8.1	212	176.5	0.307	28.6	577	11.6	10.40	0.64	0.88	0.78	0.137	140
		陶森淖尔嘎查	平均值	52.2	2.610	7.7	211	186.5	0.335	28.9	534	12.4	10.88	0.57	0.37	0.77	0.136	132
			冲洪积淡黑钙土	50.9	2.551	7.9	219	188.7	0.310	29.2	512	10.6	9.43	0.43	0.39	0.79	0.130	112
			腐泥沼泽土	54.2	2.704	7.7	226	200.7	0.290	30.0	485	10.2	8.93	0.27	0.44	0.80	0.125	93
			黄土状淡黑钙土	54.2	2.703	7.6	225	185.5	0.385	27.7	577	16.0	12.69	0.79	0.41	0.78	0.148	180
			黄土状黑钙土	54.2	2.704	7.7	226	200.7	0.325	29.8	449	9.9	7.16	0.29	0.26	0.80	0.126	114
			结晶岩暗灰色森林土	52.3	2.614	7.6	190	177.7	0.341	28.6	584	13.5	14.25	0.76	0.38	0.74	0.140	133
			结晶岩黑钙土	54.5	2.714	7.6	225	200.1	0.310	30.0	422	9.4	5.90	0.31	0.12	0.81	0.127	129
			结晶岩淡黑钙土	54.2	2.704	7.6	225	200.6	0.326	29.0	567	13.3	10.07	0.71	0.34	0.80	0.156	175
			壤质草甸黑钙土	52.3	2.614	7.6	190	187.4	0.274	28.5	520	8.5	7.38	0.35	0.91	0.74	0.107	104
			沙质草甸黑钙土	47.4	2.389	7.9	191	171.8	0.340	29.3	547	13.3	11.38	0.65	0.30	0.75	0.139	126
	呼热图淖尔苏木	巴彦查干嘎查	泥质岩暗栗钙土	18.4	1.007	5.1	156	66.0	0.252	30.0	429	6.4	6.24	0.43	0.17	0.83	0.139	134
		查干淖尔嘎查	泥质岩暗栗钙土	18.4	1.007	5.1	156	66.0	0.254	30.0	396	6.6	5.89	0.30	0.13	0.83	0.138	130
		扎格斯太嘎查	平均值	46.1	2.575	7.9	213	191.0	0.471	22.2	600	21.4	21.82	1.12	0.99	0.68	0.135	207
			冲洪积淡黑钙土	47.3	2.645	7.8	216	196.5	0.444	23.7	592	19.6	19.87	1.02	1.18	0.68	0.132	196
			结晶岩淡黑钙土	42.1	2.350	8.2	205	173.3	0.492	20.2	615	22.8	23.38	1.22	0.69	0.68	0.137	214
			壤质草甸黑钙土	47.4	2.645	7.8	216	196.5	0.497	21.6	603	23.1	23.77	1.20	0.93	0.67	0.138	219
	宝格达乌拉总场	宝格达乌拉分场	平均值	57.9	3.034	8.7	236	215.4	0.393	28.1	555	14.5	13.20	0.68	0.51	0.86	0.134	163
			黄土状黑钙土	51.6	2.803	8.1	224	201.3	0.385	27.6	552	15.0	13.91	0.71	0.56	0.81	0.133	161
			黄土状灰色森林土	83.4	4.089	10.1	276	253.4	0.417	28.7	652	14.5	13.15	0.81	0.44	1.03	0.152	155
			结晶岩暗灰色森林土	53.6	2.631	6.7	216	191.1	0.418	29.0	511	13.7	11.73	0.48	0.46	0.71	0.128	172
			泥炭沼泽土	59.9	3.117	9.2	244	223.2	0.397	28.2	551	13.8	12.86	0.65	0.47	0.89	0.136	166
			壤质草甸黑钙土	72.1	3.578	10.7	262	250.3	0.377	29.2	564	13.5	11.51	0.62	0.42	1.09	0.130	140
			山地草甸土	83.0	4.070	9.9	275	286.5	0.431	29.6	555	16.8	10.41	0.81	0.40	1.06	0.135	224
	额吉淖尔镇	布勒呼木德勒嘎查	洪冲积栗钙土	20.8	1.178	14.5	283	91.9	0.387	28.3	539	11.9	10.90	0.60	0.41	0.76	0.136	162

（续）

县市名称	苏木（乡镇）名称	嘎查（村）名称	土属	有机质(g/kg)	全氮(g/kg)	有效磷(mg/kg)	速效钾(mg/kg)	碱解氮(mg/kg)	全磷(g/kg)	全钾(g/kg)	缓效钾(mg/kg)	阳离子交换量[cmol(+)/kg]	有效锰(mg/kg)	有效铜(mg/kg)	有效锌(mg/kg)	有效硼(mg/kg)	有效钼(mg/kg)	有效硅(mg/kg)
东乌珠穆沁旗	道特淖尔镇	新庙社区	冲洪积暗栗钙土	18.0	0.945	5.6	165	59.4	0.244	28.4	490	7.4	7.36	0.60	0.36	0.67	0.124	152
		道特淖尔嘎查	平均值	18.0	0.945	5.6	165	59.4	0.243	28.2	502	7.3	8.29	0.77	0.43	0.67	0.123	152
			冲洪积暗栗钙土	18.0	0.945	5.6	165	59.4	0.242	28.1	502	7.3	8.29	0.77	0.43	0.67	0.122	151
			砂砾岩暗栗钙土	18.0	0.945	5.6	165	59.4	0.243	28.3	502	7.3	8.29	0.77	0.43	0.67	0.123	152
		吉尔嘎郎嘎查	平均值	33.0	1.847	9.7	218	135.1	0.423	27.7	631	15.0	13.22	0.76	0.41	0.92	0.131	170
			黄土状栗钙土	33.1	1.855	9.6	221	152.8	0.334	30.1	584	8.8	7.65	0.45	0.34	0.97	0.133	130
			壤质石灰性灰色草甸土	32.9	1.838	9.7	216	117.5	0.512	25.3	678	21.3	18.79	1.07	0.48	0.86	0.128	210
	额吉淖尔镇	额尔敦达来嘎查	平均值	19.4	1.090	15.4	240	85.2	0.353	29.3	629	12.7	11.59	0.66	0.37	0.73	0.135	128
			洪冲积栗钙土	19.4	1.090	15.4	240	87.5	0.294	30.0	586	11.3	13.21	0.72	0.33	0.74	0.142	106
			黏质石灰性灰色草甸土	19.4	1.090	15.4	240	80.6	0.471	27.8	716	15.5	8.37	0.55	0.44	0.72	0.120	173
		哈日高毕嘎查	泥质岩栗钙土	19.6	1.076	20.0	331	98.2	0.554	18.8	624	26.1	26.94	1.40	0.76	0.71	0.142	259
	嘎达布其镇	汗乌拉嘎查	平均值	33.0	1.879	8.0	224	97.8	0.468	25.1	550	20.3	17.09	0.94	0.49	0.72	0.135	200
			黄土状暗栗钙土	31.1	1.776	8.2	209	92.7	0.485	25.4	529	20.8	15.90	0.88	0.48	0.71	0.134	216
			结晶岩暗栗钙土	37.7	2.137	7.4	260	110.3	0.424	24.5	604	18.8	20.04	1.10	0.51	0.72	0.140	160
二连浩特市	二连浩特市平均			12.4	0.699	10.8	128	45.2	0.331	28.4	553	16.8	9.78	0.50	0.36	0.74	0.127	153
	二连浩特市区	二连浩特市区	平均值	13.1	0.721	9.2	120	45.2	0.331	28.4	499	10.4	8.57	0.43	0.29	1.18	0.127	153
			沙质草甸棕钙土	20.7	1.169	9.8	159	80.6	0.387	28.3	539	11.9	10.90	0.60	0.41	0.72	0.136	162
			沙化棕钙土	9.3	0.497	8.9	100	27.5	0.304	28.5	479	9.7	7.40	0.34	0.23	1.41	0.123	149
	格日勒敖都苏木	赛乌苏嘎查	平均值	17.8	0.998	6.2	152	70.2	0.507	23.8	586	22.0	21.15	1.10	0.64	0.59	0.131	206
			冲洪积栗钙土	17.0	0.950	5.3	148	67.7	0.495	22.7	592	22.3	22.65	1.16	0.62	0.57	0.140	206
			结晶岩栗钙土	18.2	1.026	7.1	152	72.5	0.506	24.9	580	21.2	19.64	1.04	0.64	0.62	0.126	203
			氯化物盐化栗钙土	17.2	0.939	2.6	160	62.6	0.537	20.4	610	25.9	26.49	1.35	0.69	0.40	0.141	221
		陶力嘎查	平均值	11.5	0.666	11.8	143	40.5	0.452	28.3	574	15.0	13.19	0.90	0.51	0.79	0.131	210
			潮土	10.1	0.611	2.9	132	31.9	0.310	32.5	502	7.0	6.89	0.44	0.61	0.54	0.113	162
			结晶岩棕钙土	11.5	0.683	14.3	153	46.5	0.534	33.0	690	18.2	17.14	0.80	0.48	0.91	0.145	283
			砂砾岩棕钙土	12.3	0.685	15.0	144	41.8	0.482	23.8	553	17.4	14.36	1.17	0.47	0.85	0.133	198
		呼格吉勒图雅嘎查	平均值	11.3	0.697	5.2	113	40.4	0.415	24.7	537	15.9	14.14	0.88	0.73	0.46	0.124	198
			潮土	6.2	0.430	3.1	91	19.7	0.359	29.8	479	9.0	8.85	0.45	0.40	0.40	0.132	177
			砂砾岩棕钙土	13.9	0.830	6.2	124	50.8	0.444	22.2	567	19.4	16.79	1.09	0.90	0.49	0.120	209
		额尔敦高毕嘎查	潮土	9.6	0.545	2.5	186	80.6	0.586	24.9	621	27.1	26.98	1.31	0.72	0.72	0.123	239

（续）

县市名称	苏木（乡镇）名称	嘎查（村）名称	土属	有机质(g/kg)	全氮(g/kg)	有效磷(mg/kg)	速效钾(mg/kg)	碱解氮(mg/kg)	全磷(g/kg)	全钾(g/kg)	缓效钾(mg/kg)	阳离子交换量[cmol(+)/kg]	有效锰(mg/kg)	有效铜(mg/kg)	有效锌(mg/kg)	有效硼(mg/kg)	有效钼(mg/kg)	有效硅(mg/kg)
苏尼特右旗	苏尼特右旗平均			13.8	0.912	9.1	156	54.1	0.446	25.8	565	17.5	8.42	0.82	0.55	0.60	0.130	187
	额仁淖尔苏木		平均值	11.6	0.771	7.7	187	54.9	0.369	28.6	481	12.7	9.52	0.53	0.26	1.27	0.134	146
		阿尔善图嘎查	潮土	15.1	0.893	8.6	223	67.9	0.348	30.9	554	14.9	6.95	0.86	0.14	1.70	0.153	143
			结晶岩淡棕钙土	15.1	0.900	9.6	228	67.6	0.331	28.9	337	6.5	4.81	0.13	0.16	1.58	0.147	127
			结晶岩棕钙土	9.9	0.709	7.0	168	48.4	0.384	28.0	498	13.7	11.34	0.54	0.31	1.08	0.126	151
		阿门乌苏嘎查	潮土	14.8	0.926	12.4	216	63.4	0.407	30.0	743	10.7	11.65	0.73	0.42	1.02	0.159	135
		吉呼郎图嘎查	潮土	11.5	0.771	2.7	168	29.1	0.387	28.3	539	11.9	10.90	0.60	0.41	0.76	0.136	162
	赛罕乌力吉苏木	额很乌苏嘎查	平均值	15.0	0.876	7.9	153	65.8	0.430	26.1	553	17.0	16.08	0.87	0.58	0.77	0.134	168
			灰色草甸土	13.5	0.788	2.7	122	57.4	0.553	19.2	599	26.1	24.93	1.44	0.62	0.45	0.144	232
			砂砾岩栗钙土	13.2	0.779	6.0	134	54.4	0.294	29.8	538	9.1	8.69	0.66	0.70	0.46	0.131	93
			盐化灰色草甸土	18.4	1.061	14.9	204	85.5	0.442	29.2	522	15.9	14.61	0.51	0.42	1.38	0.128	178
		敖伦淖尔嘎查	平均值	15.5	0.898	5.3	143	63.7	0.510	25.4	596	23.0	22.23	1.14	0.61	0.58	0.135	192
			灰色草甸土	15.9	0.919	5.4	146	65.2	0.503	26.4	594	22.5	21.75	1.09	0.59	0.60	0.133	185
			泥质岩栗钙土	17.2	1.009	7.4	167	69.5	0.324	29.1	586	12.9	13.20	0.72	0.35	0.73	0.144	118
			砂砾岩栗钙土	13.0	0.775	4.8	129	54.3	0.591	25.1	600	27.2	26.20	1.28	0.72	0.44	0.128	225
			生草半固定风沙土	15.3	0.874	4.4	135	63.1	0.573	22.1	603	26.7	25.47	1.35	0.72	0.54	0.136	225
		巴彦哈日阿图嘎查	平均值	15.5	0.890	4.6	133	67.9	0.460	24.3	549	20.7	19.29	1.02	0.57	0.57	0.134	187
			灰色草甸土	13.5	0.788	2.7	122	57.5	0.554	18.8	620	26.1	26.81	1.47	0.65	0.45	0.142	221
			流动沙丘风沙土	15.8	0.909	5.0	134	68.2	0.462	25.3	549	20.9	19.07	1.01	0.59	0.58	0.133	188
			生草半固定风沙土	15.3	0.873	4.4	135	80.6	0.290	25.7	423	9.4	6.16	0.35	0.15	0.72	0.123	106
			盐化灰色草甸土	15.3	0.873	4.4	135	63.1	0.521	21.8	604	25.6	26.47	1.29	0.72	0.54	0.141	226
		赛罕布仁嘎查	生草半固定风沙土	13.5	0.788	2.7	122	57.4	0.522	21.8	637	25.7	28.11	1.42	0.75	0.45	0.142	233
		都日木嘎查	灰色草甸土	13.5	0.788	2.7	122	57.4	0.429	27.5	401	5.8	6.63	0.29	0.34	0.45	0.116	158
		脑干塔拉嘎查	平均值	15.0	0.866	4.2	130	62.3	0.457	27.9	603	17.1	19.61	0.97	0.56	0.51	0.142	211
			灰色草甸土	20.7	1.169	9.8	159	80.6	0.387	28.3	539	11.9	10.90	0.60	0.41	0.72	0.136	162
			流动沙丘风沙土	14.1	0.817	3.3	126	59.3	0.438	28.0	600	16.8	16.53	0.94	0.60	0.48	0.139	197
			生草半固定风沙土	13.5	0.788	2.7	122	57.5	0.521	27.6	639	20.1	28.60	1.19	0.59	0.45	0.149	257

（续）

县市名称	苏木（乡镇）名称	嘎查（村）名称	土属	有机质(g/kg)	全氮(g/kg)	有效磷(mg/kg)	速效钾(mg/kg)	碱解氮(mg/kg)	全磷(g/kg)	全钾(g/kg)	缓效钾(mg/kg)	阳离子交换量［cmol(+)/kg］	有效锰(mg/kg)	有效铜(mg/kg)	有效锌(mg/kg)	有效硼(mg/kg)	有效钼(mg/kg)	有效硅(mg/kg)
苏尼特右旗	赛汉塔拉镇	巴彦高毕嘎查	结晶岩棕钙土	13.8	0.823	10.5	125	57.0	0.497	25.5	615	21.6	20.45	1.08	0.69	0.62	0.125	198
		巴润宝力格嘎查	平均值	16.6	1.017	9.5	148	56.7	0.539	20.4	634	25.9	28.04	1.48	0.68	0.46	0.143	230
			砂砾岩棕钙土	17.6	1.082	7.3	135	58.9	0.554	18.8	621	26.1	26.85	1.47	0.65	0.46	0.142	222
			盐化灰色草甸土	15.5	0.952	11.6	160	54.5	0.523	21.9	647	25.7	29.23	1.50	0.72	0.46	0.143	237
		都呼木嘎查	平均值	11.9	0.781	8.1	114	44.6	0.497	24.6	585	21.6	19.73	1.09	0.57	0.63	0.130	199
			泥质岩淡棕钙土	11.5	0.747	7.5	114	44.2	0.445	27.3	575	18.0	16.94	0.85	0.50	0.53	0.121	182
			砂砾岩棕钙土	12.1	0.791	8.4	114	44.7	0.513	23.8	589	22.7	20.59	1.17	0.59	0.66	0.132	205
		巴彦杭盖嘎查	平均值	12.8	0.789	13.3	166	50.1	0.449	25.7	584	18.2	17.38	0.99	0.66	0.56	0.125	191
			草甸棕钙土	11.4	0.755	7.4	161	62.0	0.554	18.8	624	26.2	26.89	1.39	0.76	0.67	0.142	254
			结晶岩棕钙土	12.3	0.763	14.8	174	47.0	0.443	27.0	573	17.1	16.50	0.91	0.61	0.52	0.125	183
			泥质岩淡棕钙土	15.7	0.923	9.3	133	58.2	0.423	23.5	591	19.2	16.59	1.16	0.84	0.69	0.118	194
		查干胡舒嘎查	平均值	15.8	1.002	11.0	162	64.8	0.507	25.4	573	19.8	19.37	0.96	0.78	0.59	0.136	205
			草甸栗钙土	15.7	0.998	11.1	162	61.9	0.571	25.7	587	23.0	22.66	1.06	1.07	0.57	0.133	214
			结晶岩淡棕钙土	15.6	0.998	11.8	171	72.2	0.471	23.6	579	19.0	18.67	1.00	0.53	0.66	0.139	213
			结晶岩棕钙土	16.4	1.020	9.3	144	58.6	0.387	28.3	539	11.9	10.90	0.60	0.41	0.49	0.136	162
		哈登胡舒嘎查	平均值	18.7	1.149	9.5	203	74.7	0.452	26.4	542	18.8	17.62	0.83	0.66	0.72	0.129	184
			草甸栗钙土	17.3	1.083	11.0	211	73.4	0.491	25.5	561	20.7	20.50	0.93	0.70	0.72	0.130	194
			结晶岩淡棕钙土	18.5	1.137	8.6	200	72.6	0.360	28.6	498	13.5	10.25	0.53	0.60	0.74	0.126	152
			泥质岩淡栗钙土	14.8	0.866	9.3	215	84.9	0.481	28.3	441	17.5	15.67	0.51	0.48	0.79	0.122	192
			泥质岩栗钙土	25.7	1.517	6.2	180	81.9	0.545	22.9	622	26.2	27.36	1.40	0.71	0.65	0.137	233
		宝拉格社区	砂砾岩棕钙土	14.3	0.915	8.2	145	50.2	0.402	28.0	618	16.2	16.54	0.88	0.46	0.64	0.138	162
	乌日根塔拉镇	昌图锡力嘎查	平均值	8.4	0.607	4.9	160	36.8	0.401	26.9	532	15.1	14.15	0.74	0.48	0.69	0.136	164
			沙化棕钙土	9.1	0.628	5.2	155	36.0	0.374	27.7	512	13.3	11.89	0.64	0.44	0.72	0.134	150
			生草固定风沙土	7.1	0.567	4.2	172	38.6	0.454	25.1	572	18.8	18.67	0.94	0.57	0.63	0.139	194
		额尔敦敖包嘎查	平均值	11.4	0.748	16.6	135	31.9	0.545	25.7	635	22.8	24.63	1.24	0.54	0.87	0.141	288
			砂砾岩棕钙土	11.6	0.749	17.0	141	34.6	0.537	32.8	668	19.5	25.62	0.98	0.39	0.89	0.141	345
			盐化潮土	11.1	0.746	16.2	129	29.1	0.553	18.6	601	26.2	23.64	1.49	0.69	0.86	0.141	231

（续）

县市名称	苏木（乡镇）名称	嘎查（村）名称	土属	有机质(g/kg)	全氮(g/kg)	有效磷(mg/kg)	速效钾(mg/kg)	碱解氮(mg/kg)	全磷(g/kg)	全钾(g/kg)	缓效钾(mg/kg)	阳离子交换量［cmol(+)/kg］	有效锰(mg/kg)	有效铜(mg/kg)	有效锌(mg/kg)	有效硼(mg/kg)	有效钼(mg/kg)	有效硅(mg/kg)
苏尼特右旗	乌日根塔拉镇	那仁宝拉格嘎查	平均值	9.4	0.594	3.4	116	31.9	0.480	25.2	599	18.1	18.73	1.05	0.68	0.42	0.128	190
			潮土	10.0	0.594	2.8	142	34.9	0.424	27.7	398	5.6	6.60	0.28	0.34	0.56	0.112	158
			砂砾岩淡棕钙土	12.0	0.716	4.5	134	43.3	0.435	27.0	661	16.0	13.93	1.07	0.90	0.53	0.119	151
			砂砾岩棕钙土	7.2	0.497	2.7	91	21.6	0.539	22.8	629	24.7	27.42	1.34	0.64	0.27	0.141	234
		萨如拉塔拉嘎查	平均值	14.1	0.812	11.0	138	56.3	0.311	26.4	524	10.6	8.70	0.59	0.34	0.89	0.117	157
			砂砾岩棕钙土	15.0	0.856	10.4	141	61.0	0.307	27.1	520	9.8	7.64	0.54	0.34	0.87	0.114	151
			生草固定风沙土	12.4	0.736	8.0	134	48.7	0.274	26.7	513	8.8	7.53	0.45	0.29	0.91	0.115	152
			盐化潮土	12.9	0.757	12.5	133	50.3	0.325	25.2	533	12.3	10.61	0.69	0.35	0.91	0.122	169
		巴彦敖包嘎查	平均值	11.1	0.653	6.5	139	42.9	0.401	26.6	548	14.2	14.02	0.78	0.45	0.67	0.131	159
			潮土	11.1	0.648	5.4	140	50.1	0.445	24.7	565	20.0	20.71	1.01	0.53	0.61	0.142	184
			结晶岩棕钙土	11.0	0.714	16.5	129	31.0	0.251	30.0	428	6.3	5.52	0.34	0.16	0.83	0.139	124
			砂砾岩淡棕钙土	10.6	0.624	4.2	141	38.2	0.407	26.7	565	12.9	12.34	0.77	0.47	0.62	0.121	151
			砂砾岩棕钙土	13.4	0.756	10.8	136	56.0	0.387	28.3	539	11.9	10.90	0.60	0.41	0.92	0.136	162
	朱日和镇	巴彦高勒嘎查	结晶岩淡棕钙土	15.1	0.942	10.3	131	52.6	0.522	21.8	598	25.6	26.05	1.27	0.72	0.44	0.141	205
		敦达乌苏嘎查	平均值	20.8	1.202	9.2	181	76.4	0.446	23.3	580	20.4	19.37	1.15	0.84	0.67	0.124	213
			草甸栗钙土	20.8	1.206	9.1	183	75.9	0.459	23.0	593	21.3	20.93	1.23	0.82	0.67	0.127	218
			结晶岩栗钙土	20.8	1.196	9.3	177	77.1	0.428	23.7	560	19.1	17.04	1.03	0.87	0.68	0.120	206
		巴彦洪格尔嘎查	平均值	20.8	1.216	8.5	192	73.1	0.532	20.8	608	25.8	26.58	1.30	0.72	0.64	0.141	227
			冲洪积栗钙土	20.8	1.215	8.4	191	73.0	0.521	21.9	598	25.6	25.98	1.27	0.72	0.64	0.141	207
			灰色草甸土	20.9	1.218	8.6	193	73.4	0.522	21.8	604	25.6	27.03	1.24	0.69	0.64	0.141	233
			结晶岩栗钙土	20.8	1.215	8.4	191	73.0	0.554	18.8	622	26.2	26.72	1.39	0.76	0.64	0.142	241
		哈敦乌苏村	平均值	12.8	1.193	14.7	214	58.4	0.430	27.0	562	15.7	14.83	0.78	0.52	0.53	0.134	183
			冲洪积栗钙土	14.2	1.200	16.1	198	64.0	0.378	28.0	528	14.7	12.95	0.70	0.61	0.58	0.132	173
			粗骨栗钙土	12.0	1.263	16.3	240	58.1	0.430	27.7	536	16.1	15.68	0.79	0.50	0.54	0.130	189
			结晶岩栗钙土	12.8	1.177	14.3	211	57.8	0.429	27.1	568	15.1	14.22	0.76	0.51	0.52	0.134	181
			泥质岩栗钙土	12.4	1.261	15.7	225	56.6	0.538	20.3	610	25.9	26.42	1.37	0.68	0.52	0.142	205
		巴彦塔拉嘎查	平均值	23.0	1.366	6.4	198	79.3	0.388	26.9	515	13.1	11.20	0.66	0.58	0.71	0.127	169
			草甸栗钙土	21.0	1.287	5.9	261	79.6	0.481	28.3	513	18.0	14.32	0.50	0.42	0.77	0.132	194
			结晶岩淡棕钙土	20.7	1.198	8.0	197	81.1	0.312	26.9	532	11.6	7.61	0.71	0.86	0.75	0.104	143
			泥质岩栗钙土	25.2	1.512	5.4	183	77.9	0.421	26.5	504	13.1	13.12	0.66	0.41	0.66	0.143	183

（续）

县市名称	苏木（乡镇）名称	嘎查（村）名称	土属	有机质(g/kg)	全氮(g/kg)	有效磷(mg/kg)	速效钾(mg/kg)	碱解氮(mg/kg)	全磷(g/kg)	全钾(g/kg)	缓效钾(mg/kg)	阳离子交换量[cmol(+)/kg]	有效锰(mg/kg)	有效铜(mg/kg)	有效锌(mg/kg)	有效硼(mg/kg)	有效钼(mg/kg)	有效硅(mg/kg)
苏尼特右旗	朱日和镇	巴彦敖日格勒嘎查	平均值	22.8	1.375	5.8	206	84.7	0.503	25.9	632	21.9	16.75	0.99	0.73	0.66	0.120	185
			草甸栗钙土	23.8	1.461	5.0	213	88.3	0.591	25.1	602	27.2	26.33	1.29	0.72	0.65	0.127	230
			粗骨栗钙土	22.5	1.353	6.0	205	83.8	0.481	26.1	640	20.5	14.35	0.92	0.73	0.66	0.118	174
		巴彦洪格尔嘎查	平均值	17.6	1.030	13.4	203	81.2	0.451	27.6	547	17.4	16.36	0.69	0.46	1.16	0.125	168
			灰色草甸土	18.8	1.083	14.4	225	88.2	0.388	28.1	531	13.4	12.07	0.46	0.36	1.31	0.124	149
			结晶岩栗钙土	16.4	0.977	12.4	181	74.2	0.514	27.1	564	21.5	20.65	0.91	0.57	1.01	0.126	187
		榆树村	平均值	12.6	0.996	11.0	181	51.0	0.453	25.1	569	18.4	17.57	0.93	0.54	0.47	0.134	195
			冲洪积栗钙土	14.0	1.014	9.1	154	61.9	0.438	25.4	542	17.5	17.21	0.90	0.49	0.51	0.136	198
			粗骨栗钙土	11.1	1.165	17.0	219	54.6	0.590	25.1	602	27.2	26.33	1.29	0.72	0.51	0.128	228
			结晶岩栗钙土	13.2	0.952	9.1	167	49.9	0.456	25.1	567	18.4	17.37	0.94	0.53	0.45	0.135	201
			砂砾岩栗钙土	11.2	1.063	14.7	210	50.0	0.441	25.1	577	18.1	17.50	0.92	0.58	0.51	0.133	181
		洪浩尔敖包村	平均值	13.6	0.885	8.3	111	49.2	0.465	25.4	575	17.5	15.48	0.86	0.49	0.44	0.132	185
			粗骨栗钙土	11.7	0.815	8.6	100	38.0	0.487	25.6	702	21.3	16.58	1.53	0.53	0.35	0.136	194
			结晶岩栗钙土	15.6	0.964	8.5	125	61.0	0.468	24.1	585	17.3	14.86	0.94	0.43	0.54	0.129	166
			结晶岩淡棕钙土	18.5	1.087	9.1	145	80.6	0.398	25.0	487	8.0	4.98	0.89	0.20	0.72	0.121	72
			泥质岩暗栗钙土	11.7	0.813	8.6	99	37.9	0.437	27.1	438	5.7	6.97	0.32	0.33	0.35	0.115	157
			泥质岩淡栗钙土	13.2	0.867	7.9	107	46.2	0.479	25.0	601	19.4	16.94	0.91	0.55	0.41	0.134	197
			泥质岩栗钙土	12.9	0.859	8.4	107	47.9	0.466	25.0	569	18.3	17.22	0.88	0.52	0.43	0.133	191
			砂砾岩栗钙土	13.9	0.898	8.4	113	48.5	0.458	26.4	568	17.1	14.89	0.78	0.48	0.43	0.133	189
		乌兰村	平均值	19.0	1.131	9.0	179	66.0	0.419	27.2	550	16.3	14.56	0.80	0.49	0.55	0.132	183
			冲洪积栗钙土	21.3	1.272	10.6	211	75.1	0.269	29.7	463	7.8	7.82	0.29	0.46	0.62	0.137	101
			结晶岩栗钙土	16.8	1.032	8.6	165	57.3	0.425	26.0	566	16.2	15.35	0.83	0.50	0.48	0.130	182
			砂砾岩栗钙土	21.1	1.226	9.2	190	74.6	0.428	28.4	542	17.3	14.37	0.82	0.49	0.61	0.133	193
		额很乌苏村	平均值	12.4	0.815	7.9	141	44.3	0.484	24.3	578	19.1	17.82	0.98	0.53	0.42	0.128	203
			结晶岩栗钙土	13.2	0.844	8.1	157	49.5	0.429	27.2	502	16.3	12.99	0.75	0.42	0.49	0.121	184
			泥质岩淡栗钙土	13.4	0.881	8.5	112	44.0	0.496	24.7	595	19.3	17.25	0.95	0.52	0.40	0.128	204
			砂砾岩栗钙土	11.5	0.773	7.5	146	42.0	0.504	22.9	604	20.2	20.25	1.10	0.59	0.40	0.132	212

（续）

县市名称	苏木（乡镇）名称	嘎查（村）名称	土属	有机质(g/kg)	全氮(g/kg)	有效磷(mg/kg)	速效钾(mg/kg)	碱解氮(mg/kg)	全磷(g/kg)	全钾(g/kg)	缓效钾(mg/kg)	阳离子交换量［cmol（+）/kg］	有效锰(mg/kg)	有效铜(mg/kg)	有效锌(mg/kg)	有效硼(mg/kg)	有效钼(mg/kg)	有效硅(mg/kg)
苏尼特右旗	桑宝拉格苏木	巴彦车勒嘎查	平均值	18.4	1.062	14.8	205	85.6	0.311	28.7	517	10.4	8.00	0.39	0.72	1.38	0.122	138
			灰色草甸土	18.4	1.062	14.9	205	85.5	0.314	28.5	490	9.2	6.88	0.32	0.18	1.38	0.120	143
			泥质岩淡栗钙土	18.4	1.062	14.8	205	85.6	0.309	28.8	531	11.0	8.56	0.42	0.99	1.38	0.123	136
		巴彦淖尔嘎查	平均值	17.5	1.008	9.9	167	71.3	0.470	25.0	571	20.9	20.51	0.97	0.54	0.86	0.130	198
			灰色草甸土	18.0	1.036	11.6	184	77.3	0.410	25.0	557	17.7	17.66	0.82	0.45	1.04	0.131	184
			结晶岩淡棕钙土	16.4	0.951	6.6	132	59.4	0.592	25.1	601	27.2	26.21	1.28	0.72	0.50	0.128	227
		巴彦乌拉嘎查	平均值	9.3	0.550	6.2	128	41.1	0.510	24.4	497	22.1	19.42	0.89	0.59	0.74	0.132	204
			结晶岩棕钙土	9.4	0.550	6.6	129	80.6	0.553	18.8	597	26.2	25.54	1.38	0.76	0.72	0.142	238
			生草半固定风沙土	9.1	0.551	5.7	127	28.1	0.503	25.1	485	21.9	19.18	0.85	0.57	0.72	0.132	192
			盐化灰色草甸土	9.4	0.550	6.6	129	27.7	0.483	28.4	421	18.4	13.77	0.48	0.45	0.78	0.121	193
		查干楚鲁图嘎查	草甸棕钙土	9.4	0.550	6.6	129	27.7	0.483	28.4	448	17.8	13.94	0.48	0.44	0.77	0.127	194
		吉尔嘎郎图嘎查	平均值	12.2	0.707	7.1	137	41.1	0.398	28.7	473	13.9	11.29	0.50	0.40	0.74	0.131	178
			结晶岩淡棕钙土	20.7	1.169	9.8	159	80.6	0.387	28.3	539	11.9	10.90	0.60	0.41	0.72	0.136	162
			生草半固定风沙土	9.3	0.553	6.3	129	28.0	0.402	28.9	451	14.6	11.42	0.47	0.39	0.74	0.129	184
		额尔敦塔拉嘎查	平均值	15.7	0.893	9.4	135	47.9	0.369	27.6	638	11.5	12.21	0.60	0.40	0.98	0.112	164
			草甸棕钙土	15.8	0.895	9.5	135	47.3	0.374	26.9	672	12.6	9.90	0.64	0.30	0.99	0.113	188
			（空白）	15.6	0.891	9.2	136	49.1	0.358	29.2	571	9.2	16.85	0.51	0.59	0.97	0.112	118
		新宝拉格嘎查	平均值	13.0	0.773	6.8	146	53.7	0.437	25.1	564	17.6	17.12	0.90	0.74	0.63	0.128	191
			草甸棕钙土	10.4	0.618	8.3	127	40.2	0.448	24.5	593	20.8	21.03	1.03	1.25	0.76	0.135	192
			潮土	8.4	0.578	6.0	165	37.0	0.412	24.3	625	17.1	17.28	1.02	0.53	0.68	0.130	182
			结晶岩淡棕钙土	15.9	0.903	6.5	140	65.7	0.437	25.5	560	15.8	16.15	0.85	0.60	0.53	0.129	189
			砂砾岩棕钙土	12.1	0.755	6.5	165	50.2	0.444	25.3	504	18.6	15.35	0.81	0.72	0.70	0.118	200
	阿其图乌拉苏木	赛罕锡力嘎查	生草半固定风沙土	9.4	0.550	6.6	129	27.7	0.483	28.3	458	18.0	14.19	0.50	0.46	0.78	0.132	194
		布日都嘎查	生草半固定风沙土	9.4	0.559	4.7	134	80.6	0.520	21.9	639	25.6	29.18	1.41	0.74	0.72	0.139	240
	乌日根塔拉镇	乌日根高勒嘎查	灰色草甸土	9.5	0.571	4.6	130	30.7	0.455	26.0	600	17.9	19.20	0.99	0.44	0.91	0.133	205

（续）

县市名称	苏木（乡镇）名称	嘎查（村）名称	土属	有机质 (g/kg)	全氮 (g/kg)	有效磷 (mg/kg)	速效钾 (mg/kg)	碱解氮 (mg/kg)	全磷 (g/kg)	全钾 (g/kg)	缓效钾 (mg/kg)	阳离子交换量 [cmol (+) /kg]	有效锰 (mg/kg)	有效铜 (mg/kg)	有效锌 (mg/kg)	有效硼 (mg/kg)	有效钼 (mg/kg)	有效硅 (mg/kg)
苏尼特左旗	苏尼特左旗平均			13.5	0.909	9.0	158	43.1	0.390	27.8	529	13.3	9.57	0.62	0.42	0.99	0.130	163
	巴彦乌拉苏木	阿尔善宝拉格嘎查	平均值	15.9	0.875	10.3	168	70.0	0.480	25.6	564	20.7	20.59	0.90	0.57	1.00	0.134	182
			结晶岩棕钙土	15.9	0.875	10.3	168	59.4	0.440	29.2	523	15.8	14.62	0.51	0.42	1.29	0.128	129
			氯化物盐化棕钙土	15.9	0.875	10.3	168	80.6	0.520	21.9	605	25.6	26.56	1.30	0.72	0.72	0.139	234
		巴彦芒来嘎查	氯化物盐化棕钙土	9.6	0.566	25.5	187	31.4	0.433	28.3	528	14.9	12.66	0.55	0.41	1.29	0.135	178
		巴彦塔拉嘎查	平均值	14.6	0.757	10.1	181	47.2	0.363	27.9	558	11.0	9.94	0.55	0.49	0.98	0.130	155
			结晶岩棕钙土	12.8	0.722	12.5	187	41.4	0.433	24.4	601	16.8	16.67	0.91	0.49	0.90	0.128	210
			泥质岩棕钙土	14.9	0.764	11.5	197	46.9	0.330	29.4	521	8.0	7.17	0.40	0.33	1.23	0.138	133
			砂砾岩棕钙土	15.6	0.771	6.5	156	51.5	0.360	28.4	579	11.3	9.16	0.49	0.69	0.68	0.123	148
		萨如拉图雅嘎查	结晶岩棕钙土	11.8	0.753	11.0	182	39.5	0.357	25.0	534	14.8	13.93	0.75	0.45	0.64	0.125	183
		赛罕塔拉嘎查	平均值	12.9	0.651	10.4	166	37.9	0.348	29.7	520	11.9	10.14	0.55	0.48	1.03	0.124	158
			结晶岩淡栗钙土	13.9	0.637	7.1	180	41.2	0.275	30.0	493	8.6	7.41	0.38	0.33	0.83	0.126	115
			结晶岩棕钙土	10.7	0.591	12.5	165	35.4	0.319	29.8	545	10.2	9.61	0.51	0.95	1.19	0.128	134
			壤质草甸棕钙土	20.7	1.169	9.8	159	80.6	0.332	25.5	559	12.6	6.25	0.86	0.99	0.72	0.097	168
			沙化棕钙土	10.8	0.520	16.0	151	25.2	0.277	30.0	574	10.3	9.68	0.47	0.37	1.22	0.110	66
			砂砾岩棕钙土	12.6	0.630	10.2	164	33.9	0.397	30.0	507	13.9	11.90	0.61	0.32	1.06	0.126	193
	达来苏木	巴彦宝力道嘎查	氯化物盐化棕钙土	7.4	0.445	3.6	154	22.6	0.480	28.3	505	18.0	14.06	0.50	0.41	0.75	0.132	194
		巴彦额尔敦嘎查	壤质草甸棕钙土	14.3	0.810	9.7	158	48.6	0.276	30.0	565	9.8	9.43	0.49	0.46	1.13	0.116	80
	满都拉图镇	奈日木德勒嘎查	泥质岩淡栗钙土	11.5	0.652	11.1	153	43.8	0.441	29.2	523	15.8	14.63	0.51	0.42	1.30	0.128	182
		巴彦淖尔嘎查	平均值	13.4	0.776	13.1	147	47.9	0.361	28.7	500	10.8	8.99	0.45	0.46	1.38	0.133	150
			结晶岩淡栗钙土	13.0	0.749	13.4	148	46.3	0.366	28.7	500	11.0	9.55	0.46	0.44	1.36	0.133	155
			泥质岩淡栗钙土	14.5	0.853	12.3	143	52.5	0.346	28.8	500	10.2	7.39	0.43	0.51	1.44	0.135	137
		萨如拉塔拉嘎查	平均值	11.0	0.559	7.5	115	34.1	0.437	30.7	641	13.7	15.96	0.73	0.40	1.00	0.146	205
			结晶岩淡栗钙土	12.1	0.590	7.0	114	37.4	0.425	29.4	683	11.4	11.79	0.70	0.40	1.02	0.158	147
			氯化物盐化栗钙土	9.3	0.503	4.5	116	29.4	0.536	32.8	659	19.3	26.52	0.96	0.41	0.90	0.141	346
			泥质岩淡栗钙土	9.3	0.503	4.5	116	29.4	0.533	32.8	659	19.2	26.52	0.96	0.41	0.89	0.141	346
			砂砾岩棕钙土	11.1	0.575	14.8	119	33.2	0.279	30.0	477	9.4	7.32	0.39	0.35	1.17	0.121	99
		巴彦哈日阿图嘎查	平均值	11.1	0.650	8.0	162	46.0	0.341	28.2	434	10.3	6.56	0.38	0.43	1.14	0.116	141
			结晶岩淡栗钙土	11.1	0.650	8.0	162	37.3	0.373	29.7	378	11.8	5.52	0.30	0.14	1.25	0.133	129
			氯化物盐化栗钙土	11.1	0.650	8.0	162	37.3	0.300	28.0	413	8.2	6.50	0.36	0.51	1.25	0.111	132
			泥质岩淡栗钙土	11.1	0.650	8.0	162	59.0	0.367	27.8	483	11.6	7.15	0.45	0.50	0.98	0.114	157

（续）

县市名称	苏木（乡镇）名称	嘎查（村）名称	土属	有机质(g/kg)	全氮(g/kg)	有效磷(mg/kg)	速效钾(mg/kg)	碱解氮(mg/kg)	全磷(g/kg)	全钾(g/kg)	缓效钾(mg/kg)	阳离子交换量[cmol(+)/kg]	有效锰(mg/kg)	有效铜(mg/kg)	有效锌(mg/kg)	有效硼(mg/kg)	有效钼(mg/kg)	有效硅(mg/kg)
苏尼特左旗	赛罕高毕苏木	达日罕嘎查	结晶岩淡栗钙土	12.5	0.656	8.9	124	45.7	0.278	30.0	578	9.6	9.60	0.54	0.49	1.17	0.118	85
		萨如拉敦吉嘎查	沙化淡棕钙土	10.0	0.497	7.3	99	28.4	0.364	29.7	533	11.4	8.40	0.58	0.27	1.33	0.143	137
		巴彦呼布尔嘎查	平均值	11.9	0.683	10.2	124	41.9	0.393	26.2	528	14.1	12.70	0.76	0.57	1.39	0.132	173
			氯化物盐化棕钙土	20.7	1.169	9.8	159	80.6	0.332	25.5	559	12.6	6.25	0.86	0.99	0.72	0.097	168
			沙化淡棕钙土	8.9	0.521	10.3	112	29.0	0.413	26.4	517	14.6	14.85	0.73	0.43	1.62	0.144	174
		宝拉格嘎查	平均值	7.9	0.526	3.8	96	34.0	0.460	24.4	525	15.2	14.31	0.81	0.56	0.43	0.126	187
			残坡积淡棕钙土	6.1	0.434	2.9	87	80.6	0.554	18.8	620	26.1	26.81	1.47	0.65	0.72	0.142	220
			结晶岩棕钙土	8.5	0.557	4.0	98	28.8	0.429	26.3	493	11.5	10.15	0.60	0.51	0.40	0.121	172
			砂砾岩棕钙土	6.1	0.433	3.0	87	18.7	0.554	18.8	623	26.2	26.78	1.39	0.76	0.35	0.142	244
		乌日根呼格吉勒嘎查	平均值	6.1	0.438	2.9	86	18.4	0.472	26.0	551	16.4	15.19	0.79	0.45	0.33	0.123	181
			结晶岩棕钙土	6.2	0.430	3.1	92	19.9	0.321	29.2	553	8.4	8.88	0.49	0.31	0.41	0.116	158
			氯化物盐化棕钙土	6.2	0.430	3.2	92	20.0	0.593	25.1	598	27.3	26.04	1.27	0.72	0.42	0.128	222
			泥质岩棕钙土	6.1	0.435	3.0	87	18.7	0.473	25.7	460	4.6	7.09	0.32	0.33	0.35	0.111	157
			沙化棕钙土	6.0	0.460	2.7	78	16.1	0.522	21.8	619	25.7	26.56	1.47	0.68	0.20	0.142	180
			砂砾岩棕钙土	6.0	0.437	2.7	81	17.3	0.451	28.1	523	15.9	7.37	0.40	0.23	0.27	0.119	187
		巴彦图古日格嘎查	平均值	7.7	0.479	4.5	128	32.7	0.414	26.6	557	16.6	15.56	0.83	0.47	0.69	0.132	177
			结晶岩棕钙土	6.4	0.408	4.4	114	27.5	0.396	27.8	582	15.4	15.04	0.78	0.49	0.68	0.127	154
			氯化物盐化棕钙土	20.7	1.169	9.8	159	80.6	0.396	28.7	454	16.9	10.29	0.55	0.26	0.72	0.132	215
			泥质岩棕钙土	6.8	0.445	3.8	130	34.1	0.451	25.6	552	18.3	16.96	0.91	0.51	0.69	0.135	201
			沙化棕钙土	7.0	0.426	3.8	157	21.2	0.424	24.4	603	18.4	20.01	1.09	0.48	0.59	0.144	170
			砂砾岩棕钙土	10.0	0.526	4.8	108	30.5	0.286	28.0	451	9.7	6.64	0.30	0.21	0.95	0.118	148
	巴彦淖尔镇	巴彦锡力嘎查	泥质岩棕钙土	20.7	1.169	9.8	159	80.6	0.268	27.4	530	8.2	8.16	0.39	0.46	0.72	0.101	85
		巴彦德力格尔嘎查	结晶岩栗钙土	11.1	0.652	8.1	162	37.4	0.387	28.3	539	11.9	10.90	0.60	0.41	1.25	0.136	162
		达布希勒图嘎查	平均值	19.6	1.163	7.0	173	73.9	0.454	25.2	507	17.7	16.41	0.83	0.49	0.61	0.134	176
			氯化物盐化灰色草甸土	19.5	1.162	6.7	174	73.2	0.446	25.6	503	17.0	16.23	0.82	0.50	0.60	0.132	178
			壤质石灰性灰色草甸土	20.2	1.168	8.2	167	77.0	0.490	23.8	526	20.6	17.17	0.85	0.47	0.66	0.144	167
		查干淖尔嘎查	平均值	9.4	0.559	4.7	134	32.5	0.319	29.7	577	12.0	10.49	0.62	1.77	0.80	0.137	151
			草甸棕钙土	9.3	0.559	4.7	134	32.5	0.312	30.3	579	12.4	10.38	0.51	3.21	0.80	0.135	139
			结晶岩淡棕钙土	9.4	0.559	4.7	134	32.5	0.326	29.1	574	11.6	10.59	0.72	0.33	0.80	0.138	162

（续）

县市名称	苏木（乡镇）名称	嘎查（村）名称	土属	有机质 (g/kg)	全氮 (g/kg)	有效磷 (mg/kg)	速效钾 (mg/kg)	碱解氮 (mg/kg)	全磷 (g/kg)	全钾 (g/kg)	缓效钾 (mg/kg)	阳离子交换量［cmol（＋）/kg］	有效锰 (mg/kg)	有效铜 (mg/kg)	有效锌 (mg/kg)	有效硼 (mg/kg)	有效钼 (mg/kg)	有效硅 (mg/kg)
苏尼特左旗	洪格尔苏木	乌日尼勒图嘎查	结晶岩棕钙土	9.2	0.494	9.1	99	27.3	0.387	28.3	539	11.9	10.90	0.60	0.41	1.43	0.136	162
		新阿米都日勒嘎查	平均值	10.0	0.576	5.9	152	33.5	0.428	29.2	524	13.8	12.77	0.50	0.49	0.97	0.132	188
			沙质草甸棕钙土	12.5	0.705	8.3	150	44.3	0.377	30.0	525	9.3	8.82	0.44	0.49	1.20	0.139	183
			砂砾岩棕钙土	7.4	0.446	3.6	154	22.6	0.479	28.3	523	18.3	16.71	0.57	0.49	0.75	0.125	193
西乌珠穆沁旗	西乌珠穆沁旗平均			25.0	1.542	9.0	126	113.4	0.433	25.9	561	17.2	16.17	0.85	0.50	0.59	0.130	180
	吉仁高勒镇	阿拉塔图嘎查	黏质草甸栗钙土	24.7	1.374	5.5	219	117.7	0.521	21.9	604	25.6	26.47	1.29	0.72	0.69	0.141	227
		哈流图嘎查	平均值	27.7	1.628	8.9	127	97.3	0.419	26.1	590	17.4	17.09	0.90	0.56	0.53	0.142	189
			黄土状暗栗钙土	27.6	1.626	8.9	126	96.9	0.454	25.4	612	19.4	19.24	0.99	0.61	0.54	0.144	195
			苏打盐化灰色草甸土	27.7	1.640	8.9	130	99.3	0.247	29.3	476	7.4	6.38	0.44	0.28	0.51	0.131	155
		呼格吉勒图嘎查	黄土状暗栗钙土	27.0	1.581	8.1	150	103.5	0.485	23.1	591	22.0	22.52	1.17	0.70	0.62	0.131	206
		呼和锡力嘎查	平均值	28.9	1.721	9.3	130	103.8	0.419	26.7	529	16.1	15.35	0.78	0.48	0.51	0.133	181
			黄土状暗栗钙土	29.8	1.774	9.6	130	106.8	0.396	27.8	560	14.3	13.15	0.66	0.42	0.50	0.130	172
			苏打盐化灰色草甸土	27.7	1.640	8.9	130	99.4	0.454	25.1	571	18.8	18.65	0.94	0.56	0.52	0.138	195
		吉仁高勒嘎查	平均值	24.7	1.378	5.5	221	117.3	0.462	24.8	579	20.3	20.19	1.01	0.86	0.68	0.128	189
			黄土状暗栗钙土	24.7	1.380	5.5	222	117.0	0.456	24.4	574	19.7	19.86	1.01	0.66	0.68	0.127	185
			沙质草甸栗钙土	24.7	1.374	5.5	220	117.7	0.521	21.9	604	25.6	26.48	1.29	0.72	0.69	0.141	227
			黏质草甸栗钙土	24.7	1.374	5.5	220	117.7	0.448	27.3	576	19.0	17.85	0.88	1.45	0.69	0.124	177
		乌兰淖尔嘎查	平均值	26.6	1.568	9.0	134	95.1	0.404	27.2	557	15.5	14.43	0.82	0.54	0.53	0.127	191
			黄土状暗栗钙土	27.0	1.593	9.0	133	95.6	0.429	26.7	553	17.3	16.19	0.88	0.52	0.53	0.129	201
			结晶岩暗栗钙土	25.4	1.483	9.2	140	93.1	0.319	28.9	572	9.7	8.56	0.63	0.58	0.56	0.121	159
		扎格斯台嘎查	黄土状暗栗钙土	26.8	1.582	9.0	134	97.1	0.464	25.2	530	18.7	17.95	0.94	0.52	0.60	0.139	194
	浩勒图高勒镇	阿拉坦敖包嘎查	平均值	38.5	2.013	6.0	92	179.3	0.379	27.9	528	14.4	12.51	0.67	0.47	0.75	0.136	159
			黄土状暗栗钙土	37.8	1.997	5.5	88	160.2	0.413	27.3	484	15.7	14.29	0.70	0.39	0.70	0.132	173
			结晶岩暗栗钙土	34.7	1.848	6.4	91	179.2	0.270	29.8	629	8.1	7.77	0.58	0.40	0.74	0.117	146
			沙质暗栗钙土	33.1	1.780	6.1	94	153.2	0.385	27.7	545	15.0	12.89	0.73	0.50	0.69	0.143	148
			苏打盐化灰色草甸土	44.1	2.237	6.1	94	209.2	0.385	27.3	560	14.9	13.24	0.75	0.58	0.82	0.136	177
			黏质草甸栗钙土	41.2	2.125	5.9	91	201.2	0.339	29.5	479	12.2	9.46	0.41	0.36	0.80	0.132	136

（续）

县市名称	苏木（乡镇）名称	嘎查（村）名称	土属	有机质(g/kg)	全氮(g/kg)	有效磷(mg/kg)	速效钾(mg/kg)	碱解氮(mg/kg)	全磷(g/kg)	全钾(g/kg)	缓效钾(mg/kg)	阳离子交换量［cmol(+)/kg］	有效锰(mg/kg)	有效铜(mg/kg)	有效锌(mg/kg)	有效硼(mg/kg)	有效钼(mg/kg)	有效硅(mg/kg)
西乌珠穆沁旗	浩勒图高勒镇	阿拉坦敖都嘎查	平均值	25.8	1.374	4.2	87	111.8	0.497	23.9	560	20.8	20.33	1.05	0.71	0.57	0.132	213
			草灌固定风沙土	22.2	1.244	6.6	117	102.3	0.524	27.1	521	24.0	19.32	1.08	0.52	0.65	0.117	247
			黄土状暗栗钙土	30.9	1.652	4.3	86	140.8	0.443	24.7	587	18.9	18.99	0.96	0.99	0.60	0.136	199
			黄土状灰色森林土	28.9	1.668	3.7	81	80.6	0.554	18.8	621	26.1	26.89	1.47	0.65	0.72	0.142	249
			结晶岩暗栗钙土	46.8	2.362	6.0	98	213.7	0.553	18.6	601	26.2	23.64	1.49	0.69	0.88	0.141	231
			苏打盐化灰色草甸土	20.2	1.064	3.2	76	88.2	0.518	23.5	566	22.0	22.57	1.09	0.64	0.45	0.133	212
			黏质草甸栗钙土	15.8	0.796	3.0	80	62.1	0.441	27.0	404	5.5	6.66	0.29	0.34	0.41	0.115	157
		阿拉坦高勒嘎查	平均值	34.1	1.703	5.0	93	145.3	0.387	27.5	513	12.3	10.47	0.52	0.54	0.70	0.125	159
			草灌固定风沙土	15.8	0.796	3.0	80	62.2	0.520	21.9	600	25.6	26.18	1.28	0.72	0.41	0.140	223
			黄土状暗栗钙土	49.4	2.460	6.9	104	213.4	0.307	29.4	486	9.6	6.94	0.32	0.73	0.95	0.119	122
			结晶岩暗栗钙土	49.2	2.459	6.5	102	216.8	0.316	29.5	478	9.4	6.68	0.34	0.24	0.95	0.132	168
			沙质暗栗钙土	15.8	0.796	3.0	80	62.2	0.439	27.1	405	5.6	6.67	0.29	0.34	0.41	0.115	158
			沙质草甸栗钙土	15.8	0.796	3.0	80	62.2	0.484	28.0	736	15.2	8.43	0.60	0.46	0.41	0.122	165
			苏打盐化灰色草甸土	15.8	0.796	3.0	80	62.2	0.478	24.6	503	15.6	16.43	0.78	0.53	0.41	0.128	191
		巴彦额日和图嘎查	平均值	20.8	1.199	8.4	138	92.6	0.469	25.3	589	19.6	17.57	1.07	0.59	0.54	0.123	199
			黄土状暗栗钙土	22.8	1.309	6.6	173	96.8	0.567	23.9	610	26.7	26.62	1.35	0.71	0.62	0.132	230
			壤质草甸栗钙土	21.3	1.249	7.5	143	95.5	0.497	25.0	589	21.3	19.96	1.11	0.60	0.52	0.127	208
			沙质暗栗钙土	18.7	1.066	7.0	114	84.3	0.424	25.3	549	17.8	16.70	0.87	0.46	0.47	0.127	185
			苏打盐化灰色草甸土	19.2	1.097	7.6	123	90.5	0.523	22.5	718	22.3	15.12	1.63	0.63	0.50	0.124	220
			黏质草甸栗钙土	21.4	1.237	14.6	138	94.9	0.338	29.2	537	9.6	6.54	0.61	0.60	0.61	0.101	156
		巴彦胡舒嘎查	平均值	24.3	1.344	6.9	209	112.1	0.504	24.9	595	22.7	21.77	1.09	0.64	0.67	0.134	233
			黄土状暗栗钙土	25.0	1.385	5.5	226	109.1	0.530	23.5	589	23.7	21.80	1.09	0.61	0.69	0.133	224
			结晶岩暗栗钙土	24.9	1.375	5.6	221	118.1	0.521	21.9	605	25.6	26.55	1.29	0.72	0.69	0.141	231
			沙质暗栗钙土	21.8	1.257	9.1	134	96.9	0.520	21.9	604	25.6	26.48	1.29	0.72	0.51	0.140	228
			黏质草甸栗钙土	24.0	1.319	8.0	206	117.3	0.470	27.7	597	20.1	19.37	0.99	0.62	0.68	0.131	245
		巴彦温都日呼嘎查	平均值	16.5	0.885	3.1	91	62.9	0.460	25.0	548	18.6	16.94	0.90	0.55	0.40	0.136	182
			黄土状暗栗钙土	16.4	0.871	2.5	87	60.6	0.464	24.9	511	16.8	14.97	0.81	0.50	0.37	0.137	182
			结晶岩暗栗钙土	16.5	0.866	2.6	88	59.8	0.389	28.4	472	12.7	7.61	0.51	0.43	0.35	0.134	169
			沙质暗栗钙土	16.6	0.867	2.6	87	60.4	0.538	20.3	611	25.9	26.40	1.33	0.74	0.35	0.142	226
			苏打盐化灰色草甸土	16.6	0.915	4.2	98	67.6	0.428	27.1	561	17.3	15.39	0.82	0.51	0.48	0.132	158

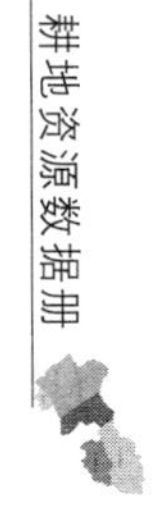

（续）

县市名称	苏木（乡镇）名称	嘎查（村）名称	土属	有机质(g/kg)	全氮(g/kg)	有效磷(mg/kg)	速效钾(mg/kg)	碱解氮(mg/kg)	全磷(g/kg)	全钾(g/kg)	缓效钾(mg/kg)	阳离子交换量[cmol(+)/kg]	有效锰(mg/kg)	有效铜(mg/kg)	有效锌(mg/kg)	有效硼(mg/kg)	有效钼(mg/kg)	有效硅(mg/kg)
西乌珠穆沁旗	浩勒图高勒镇	道伦达坝嘎查	平均值	40.5	2.037	7.3	110	174.6	0.340	29.0	500	12.1	9.40	0.49	0.48	0.79	0.133	136
			黄土状暗栗钙土	43.6	2.176	6.7	98	192.2	0.324	29.1	584	11.6	11.41	0.74	0.35	0.79	0.137	130
			黄土状草甸黑钙土	44.5	2.209	6.8	100	193.4	0.335	28.7	439	12.0	9.58	0.40	0.25	0.80	0.123	147
			黄土状淡黑钙土	45.6	2.256	6.8	103	195.0	0.308	30.0	422	9.3	5.90	0.31	0.12	0.82	0.127	129
			黄土状灰色森林土	45.1	2.236	6.8	102	194.4	0.387	28.3	539	11.9	10.90	0.60	0.41	0.81	0.136	162
			结晶岩暗栗钙土	34.8	1.786	7.9	123	148.0	0.370	29.0	534	13.6	10.17	0.52	1.01	0.77	0.130	147
			壤质石灰性灰色草甸土	40.3	2.030	7.2	110	174.4	0.322	28.9	506	12.0	9.26	0.52	0.32	0.79	0.141	121
		哈布其拉嘎查	平均值	43.6	2.188	7.6	114	174.5	0.331	28.3	536	11.5	8.13	0.44	0.42	0.87	0.123	148
			硅镁质粗骨土	20.7	1.169	9.8	159	80.6	0.409	27.9	630	14.6	9.95	0.62	0.64	0.72	0.130	161
			黄土状暗栗钙土	46.7	2.330	7.5	111	185.9	0.331	28.1	529	11.5	8.00	0.43	0.34	0.90	0.121	151
			黄土状淡黑钙土	32.9	1.700	8.3	130	137.4	0.371	28.7	613	13.6	8.75	0.51	1.27	0.77	0.124	155
			结晶岩暗栗钙土	49.0	2.432	7.2	105	208.7	0.284	28.2	529	10.5	7.83	0.37	0.19	0.94	0.120	135
			结晶岩淡黑钙土	45.0	2.228	6.8	102	137.2	0.359	28.1	546	13.0	9.27	0.51	0.36	0.76	0.121	146
			壤质草甸沼泽土	47.9	2.375	7.1	105	204.3	0.289	28.7	489	9.7	7.22	0.38	0.26	0.90	0.124	139
		哈拉盖图嘎查	平均值	40.2	2.058	6.7	95	184.1	0.364	27.7	495	13.9	11.43	0.59	0.38	0.80	0.129	158
			黄土状暗栗钙土	40.7	2.093	6.2	85	198.8	0.316	28.8	456	10.5	8.78	0.42	0.28	0.80	0.127	135
			黄土状草甸黑钙土	42.4	2.139	6.6	94	192.9	0.412	29.0	461	14.9	11.91	0.44	0.34	0.80	0.127	168
			结晶岩暗栗钙土	44.9	2.258	6.9	96	172.4	0.381	26.9	582	15.1	13.74	0.82	0.38	0.84	0.133	205
			壤质石灰性灰色草甸土	42.0	2.141	6.4	89	198.1	0.368	27.2	503	14.0	11.62	0.64	0.38	0.82	0.130	144
			沙质暗栗钙土	25.8	1.409	8.4	131	118.0	0.382	25.4	532	17.9	14.15	0.89	0.66	0.71	0.130	182
			苏打盐化灰色草甸土	41.3	2.122	6.1	85	202.1	0.295	28.9	435	10.1	7.04	0.30	0.27	0.81	0.127	107
			黏质草甸栗钙土	41.8	2.135	6.1	86	206.6	0.471	28.6	432	17.4	15.27	0.50	0.47	0.79	0.122	192
		巴拉嘎尔高勒嘎查	平均值	17.4	0.920	5.2	106	68.3	0.486	25.0	503	17.4	15.12	0.87	0.47	0.51	0.126	271
			苏打盐化灰色草甸土	15.8	0.796	3.0	80	62.1	0.497	23.0	513	15.9	16.66	0.85	0.50	0.41	0.129	207
			黏质草甸栗钙土	20.7	1.169	9.8	159	80.6	0.464	29.2	485	20.6	12.04	0.89	0.41	0.72	0.120	399

（续）

县市名称	苏木（乡镇）名称	嘎查（村）名称	土属	有机质 (g/kg)	全氮 (g/kg)	有效磷 (mg/kg)	速效钾 (mg/kg)	碱解氮 (mg/kg)	全磷 (g/kg)	全钾 (g/kg)	缓效钾 (mg/kg)	阳离子交换量［cmol (+) /kg］	有效锰 (mg/kg)	有效铜 (mg/kg)	有效锌 (mg/kg)	有效硼 (mg/kg)	有效钼 (mg/kg)	有效硅 (mg/kg)
西乌珠穆沁旗	浩勒图高勒镇	洪格尔敖包嘎查	平均值	34.4	1.990	9.1	135	124.7	0.435	26.7	571	17.0	16.65	0.90	0.61	0.54	0.128	181
			硅铝质粗骨土	34.0	1.989	9.3	141	125.3	0.465	27.7	567	18.7	17.63	0.91	0.58	0.53	0.128	194
			黄土状暗栗钙土	32.7	1.843	8.8	115	128.8	0.372	29.6	570	11.7	11.54	0.71	0.63	0.54	0.124	161
			结晶岩暗栗钙土	35.8	1.954	7.9	129	138.5	0.347	31.5	652	9.2	9.17	0.77	0.76	0.54	0.120	128
			泥质岩暗栗钙土	35.5	2.080	9.3	139	130.3	0.510	23.0	586	23.0	23.42	1.17	0.63	0.51	0.135	206
			沙质石灰性灰色草甸土	30.6	1.776	9.4	146	113.7	0.425	25.8	581	15.9	13.93	0.78	0.68	0.58	0.122	183
			苏打盐化灰色草甸土	35.4	2.047	9.1	136	121.6	0.426	26.2	558	16.7	16.82	0.90	0.59	0.56	0.130	179
		脑干哈达嘎查	平均值	15.9	0.848	3.3	88	68.4	0.473	25.0	566	18.8	17.78	0.97	0.55	0.51	0.132	190
			黄土状暗栗钙土	15.7	0.795	3.0	80	62.1	0.492	23.1	510	16.0	16.63	0.85	0.50	0.41	0.129	208
			沙质暗栗钙土	16.9	0.958	5.3	113	71.6	0.478	24.1	575	22.3	21.00	1.07	0.60	0.49	0.143	204
			苏打盐化灰色草甸土	15.6	0.821	2.6	81	68.8	0.466	25.7	577	18.2	16.86	0.96	0.54	0.54	0.129	179
		萨茹拉塔拉嘎查	平均值	24.0	1.428	4.6	202	110.0	0.468	24.2	586	21.1	20.48	1.02	0.66	0.62	0.137	199
			泥质岩暗栗钙土	23.4	1.400	4.4	206	114.0	0.525	21.7	644	25.7	28.94	1.49	0.71	0.61	0.143	237
			苏打盐化灰色草甸土	24.1	1.433	4.6	202	109.2	0.456	24.7	575	20.2	18.79	0.92	0.65	0.62	0.135	191
		乌日图高勒嘎查	平均值	32.9	1.673	6.1	108	131.9	0.395	26.5	545	14.4	13.48	0.69	0.42	0.68	0.126	160
			硅镁质粗骨土	17.3	0.943	3.1	76	85.9	0.457	26.3	386	5.1	6.48	0.27	0.34	0.42	0.112	158
			黄土状暗灰色森林土	20.7	1.169	9.8	159	80.6	0.261	27.7	587	9.8	9.51	0.51	0.26	0.72	0.115	80
			黄土状暗栗钙土	33.7	1.689	5.0	99	135.9	0.489	26.7	570	19.6	18.58	0.94	0.56	0.66	0.132	196
			黄土状草甸黑钙土	40.8	2.057	7.9	122	150.9	0.368	27.6	561	13.1	11.56	0.62	0.31	0.82	0.123	141
			黄土状淡黑钙土	47.4	2.343	7.0	105	200.9	0.554	18.8	623	26.2	26.84	1.39	0.76	0.87	0.142	249
			黄土状灰色森林土	15.8	0.861	2.6	84	63.9	0.532	23.4	687	21.1	17.56	1.00	0.59	0.39	0.131	215
			结晶岩淡黑钙土	29.3	1.542	8.8	141	119.0	0.274	28.5	540	9.3	8.55	0.41	0.35	0.76	0.112	98
			结晶岩灰色森林土	41.8	2.073	6.2	103	175.0	0.331	28.1	495	11.6	10.76	0.50	0.38	0.77	0.127	151
			壤质草甸沼泽土	46.4	2.286	6.9	105	195.9	0.250	30.0	403	6.2	5.28	0.37	0.16	0.83	0.140	127
			沙质草甸沼泽土	17.3	0.941	3.1	76	85.6	0.591	25.1	600	27.2	26.16	1.28	0.72	0.42	0.129	223
			苏打盐化灰色草甸土	16.2	0.864	2.6	87	60.6	0.510	22.4	547	18.9	19.90	1.00	0.57	0.36	0.131	212
		雅日盖图嘎查	平均值	30.2	1.743	7.4	188	122.2	0.522	22.8	594	22.9	22.62	1.20	0.61	0.57	0.137	197
			泥质岩暗栗钙土	35.5	2.079	9.3	139	130.3	0.471	23.6	579	19.0	18.80	1.03	0.53	0.51	0.139	172
			壤质石灰性灰色草甸土	24.9	1.406	5.5	236	114.1	0.593	25.1	598	27.3	26.03	1.27	0.72	0.62	0.128	219
			黏质草甸栗钙土	24.9	1.406	5.5	236	114.2	0.554	18.8	621	26.1	26.85	1.47	0.65	0.62	0.142	224

（续）

县市名称	苏木（乡镇）名称	嘎查（村）名称	土属	有机质（g/kg）	全氮（g/kg）	有效磷（mg/kg）	速效钾（mg/kg）	碱解氮（mg/kg）	全磷（g/kg）	全钾（g/kg）	缓效钾（mg/kg）	阳离子交换量［cmol（+）/kg］	有效锰（mg/kg）	有效铜（mg/kg）	有效锌（mg/kg）	有效硼（mg/kg）	有效钼（mg/kg）	有效硅（mg/kg）
西乌珠穆沁旗	浩勒图高勒镇	巴彦宝拉格嘎查	平均值	29.7	1.684	7.0	115	115.6	0.439	25.7	570	17.0	16.25	0.88	0.55	0.55	0.130	181
			草灌固定风沙土	31.8	1.799	9.2	108	121.4	0.294	30.1	455	8.9	6.83	0.34	0.14	0.56	0.145	89
			硅铝质粗骨土	24.2	1.482	3.4	89	92.2	0.410	28.2	453	6.5	6.91	0.33	0.31	0.34	0.120	157
			黄土状暗栗钙土	24.9	1.467	6.8	118	97.4	0.438	24.4	559	16.4	16.67	0.89	0.56	0.54	0.129	171
			黄土状淡黑钙土	33.4	1.846	7.2	119	134.1	0.431	25.7	573	17.6	17.69	0.88	0.51	0.59	0.135	189
			黄土状灰色森林土	25.7	1.508	6.1	115	103.5	0.503	24.5	571	21.7	19.87	1.03	0.53	0.45	0.140	208
			结晶岩暗栗钙土	32.2	1.755	7.2	116	126.7	0.406	26.5	553	15.3	14.49	0.81	0.46	0.57	0.129	165
			壤质草甸沼泽土	28.6	1.701	5.8	113	112.7	0.452	28.0	719	14.3	8.29	0.59	0.46	0.43	0.123	161
			壤质石灰性灰色草甸土	34.1	2.052	10.8	126	119.5	0.506	26.5	594	19.2	20.44	0.89	1.05	0.54	0.125	205
			沙质暗栗钙土	28.3	1.665	7.3	119	107.9	0.420	26.8	558	15.2	12.32	0.72	0.55	0.54	0.121	180
			沙质草甸栗钙土	23.0	1.368	4.2	98	92.2	0.521	21.9	602	25.6	26.34	1.29	0.72	0.32	0.141	225
			苏打盐化灰色草甸土	33.9	2.044	11.1	130	121.6	0.321	32.1	500	7.3	6.93	0.43	0.58	0.47	0.117	174
			黏质草甸栗钙土	30.6	1.703	6.0	109	116.7	0.492	24.8	607	21.4	20.36	1.14	0.62	0.56	0.130	211
			黏质石灰性灰色草甸土	27.7	1.636	6.4	104	111.5	0.426	26.6	561	14.0	13.28	0.75	0.55	0.48	0.136	164
		新宝拉格嘎查	沙质暗栗钙土	21.3	1.248	7.5	143	95.5	0.554	18.8	620	26.1	26.80	1.47	0.65	0.52	0.142	205
	巴彦花镇	阿拉坦兴安嘎查	平均值	16.9	0.894	3.3	94	65.4	0.462	25.2	571	19.6	18.68	0.96	0.56	0.45	0.131	184
			黄土状草甸黑钙土	16.5	0.866	2.6	88	70.2	0.461	25.5	590	17.5	17.94	0.91	0.60	0.53	0.132	158
			黄土状淡黑钙土	16.5	0.866	2.6	88	59.7	0.436	28.8	484	15.2	8.47	0.52	0.31	0.35	0.134	187
			结晶岩淡黑钙土	18.6	1.018	6.2	124	70.2	0.389	24.6	595	17.6	18.07	0.91	0.56	0.53	0.128	154
			结晶岩灰色森林土	16.5	0.866	2.6	88	63.9	0.503	23.8	589	23.0	23.32	1.16	0.64	0.42	0.130	206
		巴彦浩勒图嘎查	平均值	16.6	0.866	2.6	87	60.3	0.500	23.8	598	21.7	20.45	1.10	0.61	0.35	0.134	205
			黄土状淡黑钙土	16.5	0.866	2.6	88	59.7	0.489	25.0	632	20.4	17.26	0.93	0.57	0.35	0.134	194
			结晶岩淡黑钙土	16.5	0.866	2.6	88	59.7	0.522	21.8	601	25.6	26.19	1.28	0.72	0.35	0.141	216
			壤质草甸沼泽土	16.5	0.866	2.6	88	59.7	0.579	30.0	807	24.6	7.68	1.49	0.35	0.35	0.090	248
			壤质石灰性灰色草甸土	16.6	0.866	2.6	87	60.2	0.486	23.7	557	20.0	20.35	1.00	0.60	0.35	0.136	195
			苏打盐化灰色草甸土	17.0	0.868	2.5	84	62.4	0.471	23.6	581	19.0	18.84	1.00	0.59	0.35	0.139	204

（续）

县市名称	苏木（乡镇）名称	嘎查（村）名称	土属	有机质(g/kg)	全氮(g/kg)	有效磷(mg/kg)	速效钾(mg/kg)	碱解氮(mg/kg)	全磷(g/kg)	全钾(g/kg)	缓效钾(mg/kg)	阳离子交换量［cmol(+)/kg］	有效锰(mg/kg)	有效铜(mg/kg)	有效锌(mg/kg)	有效硼(mg/kg)	有效钼(mg/kg)	有效硅(mg/kg)
西乌珠穆沁旗	巴彦花镇	额尔敦宝拉格嘎查	平均值	17.9	0.967	5.0	112	66.7	0.447	22.4	584	20.0	20.52	1.02	0.60	0.47	0.127	183
			沙质暗栗钙土	18.6	1.018	6.2	124	70.2	0.410	22.7	576	17.1	17.64	0.89	0.54	0.53	0.121	164
			沙质石灰性灰色草甸土	16.5	0.866	2.6	88	59.7	0.521	21.9	601	25.6	26.28	1.28	0.72	0.35	0.141	223
		哈日根台嘎查	平均值	16.3	0.899	3.5	93	70.2	0.462	23.0	614	19.3	17.25	0.95	0.51	0.52	0.131	195
			黄土状草甸黑钙土	15.7	0.860	2.6	84	63.9	0.554	18.8	619	26.1	26.47	1.40	0.65	0.39	0.142	257
			黄土状淡黑钙土	15.8	0.861	2.6	84	64.2	0.525	23.4	681	20.8	17.42	1.00	0.56	0.39	0.132	212
			结晶岩淡黑钙土	17.0	0.937	4.4	103	76.4	0.385	24.8	576	15.0	12.55	0.70	0.40	0.64	0.125	156
			壤质草甸沼泽土	15.7	0.860	2.6	84	63.9	0.554	18.8	631	26.1	26.50	1.41	0.70	0.39	0.142	258
		乌兰敖都嘎查	平均值	16.5	0.866	2.6	88	59.7	0.451	26.1	600	17.3	14.97	0.82	0.53	0.35	0.135	179
			黄土状淡黑钙土	16.5	0.866	2.6	88	59.7	0.521	21.8	598	25.6	26.03	1.27	0.72	0.35	0.141	207
			壤质草甸沼泽土	16.5	0.866	2.6	88	59.7	0.445	28.3	662	14.4	7.98	0.58	0.46	0.35	0.127	169
			壤质石灰性灰色草甸土	16.5	0.866	2.6	88	59.7	0.387	28.3	539	11.9	10.90	0.60	0.41	0.35	0.136	162
		乌兰额日格嘎查	平均值	16.5	0.866	2.6	88	59.7	0.432	27.2	435	7.0	7.69	0.36	0.36	0.35	0.119	159
			结晶岩淡黑钙土	16.5	0.866	2.6	88	59.7	0.415	27.6	472	8.7	8.78	0.44	0.37	0.35	0.125	160
			壤质石灰性灰色草甸土	16.5	0.866	2.6	88	59.7	0.451	26.6	397	5.2	6.59	0.28	0.34	0.35	0.113	157
			苏打盐化灰色草甸土	16.5	0.866	2.6	88	59.7	0.446	26.8	400	5.4	6.62	0.29	0.34	0.35	0.114	158
	巴拉嘎尔高勒镇	巴拉嘎尔高勒嘎查	平均值	22.3	1.388	8.8	157	117.0	0.459	25.6	557	19.3	19.29	0.93	0.53	0.63	0.130	197
			黄土状暗栗钙土	21.4	1.346	11.6	179	116.5	0.584	24.8	611	27.0	26.99	1.32	0.72	0.61	0.122	240
			结晶岩暗栗钙土	24.7	1.557	7.8	143	129.6	0.522	21.9	626	25.6	28.47	1.33	0.71	0.71	0.141	239
			沙质暗栗钙土	24.4	1.507	7.8	156	119.7	0.380	29.2	460	13.1	11.99	0.44	0.30	0.72	0.127	161
			苏打盐化灰色草甸土	21.8	1.350	8.8	161	115.0	0.443	25.7	562	18.0	17.77	0.90	0.51	0.62	0.130	191
			黏质草甸栗钙土	20.1	1.252	8.8	122	111.1	0.520	21.9	600	25.6	26.16	1.28	0.72	0.43	0.140	222
	乌兰哈拉嘎苏木	巴棋嘎查	平均值	17.3	0.887	4.4	143	51.7	0.370	27.3	587	14.5	14.80	0.79	0.40	0.55	0.141	145
			黄土状暗栗钙土	18.7	0.940	4.5	145	52.6	0.290	29.8	664	8.7	9.98	0.62	0.31	0.53	0.139	121
			沙质暗栗钙土	16.7	0.861	4.3	143	51.3	0.411	26.1	549	17.3	17.22	0.87	0.45	0.56	0.143	157
		巴彦柴达木嘎查	平均值	20.5	1.215	9.3	141	96.6	0.395	27.8	658	12.9	9.12	0.58	0.63	0.58	0.113	132
			黄土状暗栗钙土	20.2	1.260	8.9	122	112.5	0.494	28.0	741	15.5	8.46	0.60	0.46	0.43	0.121	166
			沙质暗栗钙土	20.7	1.169	9.8	159	80.6	0.295	27.5	574	10.2	9.78	0.55	0.80	0.72	0.105	98

（续）

县市名称	苏木（乡镇）名称	嘎查（村）名称	土属	有机质（g/kg）	全氮（g/kg）	有效磷（mg/kg）	速效钾（mg/kg）	碱解氮（mg/kg）	全磷（g/kg）	全钾（g/kg）	缓效钾（mg/kg）	阳离子交换量［cmol（+）/kg］	有效锰（mg/kg）	有效铜（mg/kg）	有效锌（mg/kg）	有效硼（mg/kg）	有效钼（mg/kg）	有效硅（mg/kg）
西乌珠穆沁旗	乌兰哈拉嘎苏木	巴彦淖尔嘎查	平均值	20.2	1.260	8.9	122	112.5	0.495	27.3	698	17.7	12.81	0.77	0.52	0.43	0.124	175
			黄土状暗栗钙土	20.2	1.260	8.9	122	112.5	0.592	25.1	599	27.3	26.07	1.27	0.72	0.43	0.129	220
			沙质暗栗钙土	20.2	1.260	8.9	122	112.5	0.450	28.0	722	14.2	8.30	0.59	0.46	0.43	0.123	159
			黏质草甸栗钙土	20.2	1.260	8.9	122	112.5	0.470	28.0	735	14.8	8.44	0.60	0.46	0.43	0.122	161
		巴彦敖包图嘎查	黄土状暗栗钙土	17.1	0.868	2.5	83	62.7	0.451	26.6	389	5.1	6.50	0.28	0.34	0.35	0.112	158
	巴彦胡舒苏木	宝力根嘎查	平均值	17.6	1.010	5.9	133	83.7	0.411	28.3	619	14.8	14.42	0.58	0.59	0.70	0.118	181
			黄土状暗栗钙土	10.7	0.512	4.0	109	47.7	0.307	28.1	574	11.1	9.78	0.55	0.81	0.67	0.111	118
			壤质草甸栗钙土	24.4	1.508	7.7	156	119.6	0.514	28.5	663	18.5	19.05	0.62	0.38	0.72	0.125	243
		哈日阿图嘎查	平均值	24.7	1.558	7.7	143	129.7	0.520	21.9	610	25.6	26.95	1.31	0.72	0.71	0.140	233
			草灌固定风沙土	24.7	1.558	7.7	143	129.7	0.521	21.9	605	25.6	26.51	1.29	0.72	0.71	0.141	227
			沙质草甸栗钙土	24.7	1.558	7.7	143	129.7	0.519	21.9	613	25.6	27.17	1.32	0.72	0.71	0.139	236
		洪格尔嘎查	平均值	18.4	1.083	14.6	263	98.3	0.351	26.1	600	13.8	14.96	0.77	0.83	0.66	0.128	139
			壤质草甸栗钙土	20.7	1.169	9.8	159	80.6	0.266	26.8	563	8.1	9.40	0.51	0.67	0.72	0.100	84
			壤质石灰性灰色草甸土	17.2	1.040	17.0	315	107.1	0.394	25.8	619	16.7	17.74	0.90	0.91	0.63	0.142	167
		呼日勒图嘎查	平均值	24.7	1.374	5.5	219	117.7	0.477	23.4	593	22.5	23.07	1.13	0.98	0.69	0.136	208
			黄土状暗栗钙土	24.7	1.374	5.5	220	117.7	0.521	21.9	605	25.6	26.54	1.29	0.72	0.69	0.141	230
			沙质草甸栗钙土	24.7	1.374	5.5	219	117.7	0.521	21.9	605	25.6	26.54	1.29	0.72	0.69	0.141	228
			苏打盐化灰色草甸土	24.7	1.374	5.5	219	117.7	0.521	21.9	604	25.6	26.46	1.29	0.72	0.69	0.140	227
			黏质草甸栗钙土	24.7	1.374	5.5	219	117.7	0.411	25.7	575	18.0	17.92	0.88	1.37	0.69	0.128	178
		赛罕淖尔嘎查	平均值	24.3	1.501	7.8	156	106.1	0.433	25.3	515	19.2	17.15	0.92	0.46	0.72	0.133	201
			黄土状暗栗钙土	24.4	1.508	7.7	156	80.6	0.521	21.9	599	25.6	26.10	1.27	0.72	0.72	0.141	215
			沙质暗栗钙土	24.4	1.507	7.7	156	119.6	0.285	30.0	407	8.8	6.17	0.30	0.10	0.72	0.131	129
			沙质石灰性灰色草甸土	24.4	1.507	7.7	156	80.6	0.554	18.9	625	26.1	27.25	1.48	0.66	0.72	0.142	241
			苏打盐化灰色草甸土	23.7	1.467	8.0	158	116.5	0.521	21.9	605	25.6	26.52	1.29	0.72	0.71	0.141	227
			黏质草甸栗钙土	24.4	1.508	7.7	156	119.6	0.435	28.8	445	19.9	10.70	0.86	0.44	0.72	0.114	267
		宝力格嘎查	平均值	27.7	1.640	8.9	130	97.8	0.510	22.8	593	23.6	23.58	1.19	0.64	0.53	0.138	221
			黄土状暗栗钙土	27.7	1.640	8.9	130	97.5	0.507	23.0	590	23.2	22.90	1.16	0.62	0.54	0.137	219
			结晶岩暗栗钙土	27.7	1.640	8.9	130	99.4	0.520	21.9	610	25.6	26.95	1.31	0.72	0.52	0.140	234

（续）

县市名称	苏木（乡镇）名称	嘎查（村）名称	土属	有机质 (g/kg)	全氮 (g/kg)	有效磷 (mg/kg)	速效钾 (mg/kg)	碱解氮 (mg/kg)	全磷 (g/kg)	全钾 (g/kg)	缓效钾 (mg/kg)	阳离子交换量［cmol (+) /kg］	有效锰 (mg/kg)	有效铜 (mg/kg)	有效锌 (mg/kg)	有效硼 (mg/kg)	有效钼 (mg/kg)	有效硅 (mg/kg)
西乌珠穆沁旗	巴彦胡舒苏木	布日敦嘎查	苏打盐化灰色草甸土	12.8	0.744	12.1	158	60.6	0.445	32.1	682	13.2	9.95	0.93	0.84	0.54	0.116	96
		朝鲁图嘎查	沙质暗栗钙土	20.2	1.259	8.9	122	112.5	0.496	28.0	742	15.6	8.46	0.60	0.46	0.43	0.121	166
		巴彦查干嘎查	黄土状暗栗钙土	12.8	0.743	12.1	157	60.4	0.505	27.2	641	20.0	17.97	1.10	0.78	0.54	0.122	146
		温都来嘎查	结晶岩暗栗钙土	24.7	1.557	7.7	143	129.7	0.521	21.9	605	25.6	26.51	1.29	0.72	0.71	0.141	227
	乌兰哈拉嘎苏木	萨如拉图雅嘎查	平均值	16.7	0.883	2.3	85	64.7	0.524	25.1	584	23.0	22.26	1.10	0.64	0.43	0.133	205
			黄土状暗栗钙土	16.7	0.886	2.3	85	64.9	0.500	25.1	579	21.6	21.00	1.05	0.61	0.43	0.135	199
			结晶岩暗栗钙土	16.7	0.874	2.3	84	63.8	0.593	25.1	598	27.3	26.04	1.27	0.72	0.43	0.128	221
		伊拉勒特嘎查	平均值	17.7	1.062	7.7	129	76.9	0.409	26.5	558	15.0	12.97	0.81	0.50	0.53	0.130	158
			草灌固定风沙土	20.1	1.262	12.6	171	101.2	0.320	28.5	592	9.9	9.61	0.60	0.24	0.50	0.129	138
			黄土状暗栗钙土	15.2	0.970	6.9	114	66.5	0.395	25.2	536	14.1	13.17	0.89	0.33	0.54	0.126	137
			壤质石灰性灰色草甸土	17.3	0.993	4.9	110	68.2	0.450	24.2	611	17.8	13.86	0.95	0.72	0.54	0.121	176
			沙质暗栗钙土	19.2	1.133	9.3	145	85.2	0.410	28.7	528	14.8	13.01	0.71	0.52	0.54	0.140	166
		新高勒嘎查	平均值	19.6	1.205	11.2	157	99.9	0.405	27.0	555	15.7	14.59	0.78	0.46	0.54	0.120	169
			黄土状暗栗钙土	19.6	1.215	11.7	163	99.2	0.384	26.4	564	15.2	14.60	0.80	0.42	0.51	0.120	160
			黄土状淡黑钙土	21.2	1.305	8.3	119	116.1	0.431	27.4	400	5.8	6.62	0.29	0.34	0.46	0.115	158
			结晶岩暗栗钙土	20.0	1.262	12.6	171	101.1	0.283	28.2	506	8.9	7.92	0.51	0.36	0.50	0.120	129
			沙质暗栗钙土	19.8	1.166	9.3	144	97.7	0.440	28.8	568	17.1	14.03	0.73	0.45	0.59	0.123	188
			沙质草甸栗钙土	20.1	1.262	12.6	171	90.9	0.423	26.8	553	17.9	17.58	0.87	0.41	0.61	0.113	170
			苏打盐化灰色草甸土	20.6	1.258	13.1	165	113.2	0.483	26.1	588	19.5	16.81	0.87	0.51	0.66	0.129	187
			黏质草甸栗钙土	18.1	1.080	8.8	137	92.3	0.450	26.6	569	19.0	19.00	0.97	0.67	0.53	0.118	194
	高日罕镇	高日罕国营牧场	平均值	17.9	1.002	5.3	123	70.9	0.466	25.0	543	18.3	17.50	0.87	0.51	0.55	0.132	182
			黄土状暗栗钙土	16.7	0.918	2.7	95	64.8	0.485	23.6	533	16.9	16.71	0.87	0.52	0.43	0.137	200
			壤质草甸栗钙土	17.8	0.953	4.5	134	55.9	0.404	28.6	447	12.2	11.49	0.40	0.36	0.60	0.137	149
			壤质石灰性灰色草甸土	16.6	0.916	2.3	87	67.3	0.515	23.4	680	20.6	17.65	1.04	0.55	0.41	0.132	188
			沙质暗栗钙土	18.8	1.071	7.2	144	80.2	0.531	25.1	574	23.4	23.01	1.04	0.64	0.65	0.133	210
			苏打盐化灰色草甸土	18.2	1.041	6.6	134	75.3	0.474	24.8	548	19.9	19.38	0.98	0.56	0.58	0.131	184
			黏质石灰性灰色草甸土	19.5	1.073	7.2	145	69.7	0.285	28.3	462	9.3	7.16	0.33	0.16	0.72	0.119	107

（续）

县市名称	苏木（乡镇）名称	嘎查（村）名称	土属	有机质（g/kg）	全氮（g/kg）	有效磷（mg/kg）	速效钾（mg/kg）	碱解氮（mg/kg）	全磷（g/kg）	全钾（g/kg）	缓效钾（mg/kg）	阳离子交换量［cmol（+）/kg］	有效锰（mg/kg）	有效铜（mg/kg）	有效锌（mg/kg）	有效硼（mg/kg）	有效钼（mg/kg）	有效硅（mg/kg）
镶黄旗	镶黄旗平均			20.6	1.171	6.9	178	80.8	0.437	25.9	571	17.2	9.28	0.67	0.53	0.63	0.131	181
	翁贡乌拉苏木	阿拉坦毛都嘎查	平均值	15.5	0.803	6.3	169	63.7	0.432	25.7	560	17.0	14.20	0.87	0.71	0.64	0.118	183
			冲洪积淡栗钙土	16.8	0.899	7.8	168	66.1	0.389	26.2	533	14.1	10.80	0.72	0.67	0.64	0.111	172
			结晶岩淡栗钙土	20.7	1.169	9.8	159	80.6	0.326	25.4	509	12.5	6.59	0.80	1.02	0.72	0.096	171
			氯化物盐化栗钙土	12.8	0.625	2.6	181	70.8	0.545	24.1	621	23.9	21.81	1.13	0.61	0.67	0.127	213
			砂砾岩淡栗钙土	14.0	0.681	5.6	164	49.8	0.450	26.1	565	18.4	16.43	0.95	0.80	0.61	0.130	184
		阿日舒特嘎查	平均值	17.7	1.042	7.7	166	71.8	0.412	30.7	585	13.6	12.72	0.64	0.39	0.88	0.150	266
			壤质盐化潮土	17.7	1.041	7.7	166	71.8	0.387	28.3	539	11.9	10.90	0.60	0.41	0.88	0.136	162
			生草风沙土	17.7	1.042	7.7	166	71.8	0.437	33.0	631	15.3	14.54	0.68	0.36	0.88	0.164	369
		宝日胡吉尔嘎查	平均值	15.4	0.777	4.2	164	62.0	0.393	27.6	595	13.8	11.62	0.74	0.62	0.61	0.131	169
			冲洪积淡栗钙土	16.3	0.875	3.6	159	74.1	0.431	26.6	554	15.0	14.03	0.70	0.47	0.60	0.122	175
			结晶岩淡栗钙土	15.5	0.777	5.3	169	54.8	0.353	28.2	630	11.9	8.27	0.71	0.69	0.62	0.138	164
			砂砾岩淡栗钙土	14.0	0.660	3.7	166	54.7	0.388	28.1	608	14.1	12.08	0.80	0.72	0.62	0.136	166
		崩洪高勒嘎查	平均值	15.1	1.001	6.5	185	78.7	0.409	26.4	551	15.1	14.03	0.78	0.51	0.60	0.132	171
			冲洪积淡栗钙土	15.1	0.999	6.4	186	80.1	0.414	25.9	556	16.1	14.68	0.86	0.58	0.61	0.127	175
			冲洪积栗钙土	13.9	1.016	4.0	188	79.9	0.367	28.0	538	11.8	8.42	0.51	0.23	0.56	0.138	162
			结晶岩淡栗钙土	13.9	0.851	3.6	198	82.1	0.387	28.3	539	11.9	10.90	0.60	0.41	0.48	0.136	162
			氯化物盐化栗钙土	15.3	0.945	11.4	185	71.8	0.371	27.3	516	11.7	12.36	0.64	0.40	0.76	0.126	134
			沙质草甸栗钙土	13.9	1.016	4.0	188	79.4	0.434	26.1	552	17.4	15.94	0.84	0.43	0.49	0.131	185
			砂砾岩淡栗钙土	18.1	1.107	7.4	171	79.9	0.412	26.9	577	13.9	12.84	0.69	0.72	0.62	0.146	179
		布日都淖尔嘎查	平均值	19.4	1.166	5.0	148	79.0	0.427	26.4	579	15.6	12.79	0.75	0.53	0.51	0.130	176
			冲洪积淡栗钙土	19.3	1.163	4.9	148	79.3	0.421	26.7	572	15.2	12.40	0.72	0.52	0.50	0.129	174
			泥质岩淡栗钙土	19.8	1.178	5.5	149	78.0	0.458	24.9	615	17.4	14.73	0.87	0.60	0.53	0.132	186
		查干额尔格嘎查	平均值	18.1	1.038	4.4	158	71.3	0.381	27.5	630	13.1	11.68	0.71	0.50	0.53	0.131	165
			冲洪积淡栗钙土	20.0	1.201	5.1	153	81.6	0.412	26.6	601	14.7	11.83	0.71	0.54	0.53	0.125	173
			泥质岩淡栗钙土	12.2	0.548	2.4	174	40.4	0.287	30.0	719	8.2	11.24	0.71	0.37	0.52	0.148	141
		达布森高勒嘎查	平均值	14.7	0.845	14.2	177	69.2	0.345	28.7	521	10.2	9.03	0.49	0.33	0.79	0.116	112
			冲洪积淡栗钙土	13.9	0.805	12.8	171	64.5	0.374	28.4	525	10.9	8.60	0.40	0.31	0.77	0.119	120
			氯化物盐化栗钙土	14.3	0.815	16.9	189	69.5	0.328	30.3	542	9.9	10.45	0.62	0.36	0.88	0.107	74
			壤质盐化潮土	14.2	0.809	17.1	188	80.6	0.387	28.3	539	11.9	10.90	0.60	0.41	0.72	0.136	162
			生草风沙土	20.7	1.169	9.8	159	80.6	0.213	25.5	420	6.1	5.01	0.46	0.29	0.72	0.111	139

（续）

县市名称	苏木（乡镇）名称	嘎查（村）名称	土属	有机质(g/kg)	全氮(g/kg)	有效磷(mg/kg)	速效钾(mg/kg)	碱解氮(mg/kg)	全磷(g/kg)	全钾(g/kg)	缓效钾(mg/kg)	阳离子交换量［cmol(+)/kg］	有效锰(mg/kg)	有效铜(mg/kg)	有效锌(mg/kg)	有效硼(mg/kg)	有效钼(mg/kg)	有效硅(mg/kg)
镶黄旗	翁贡乌拉苏木	德斯格图嘎查	平均值	15.3	0.857	14.6	184	69.5	0.357	29.1	527	10.2	8.70	0.57	0.38	0.84	0.118	129
			冲洪积淡栗钙土	16.1	0.914	14.9	182	73.1	0.374	28.2	516	9.3	8.26	0.67	0.28	0.83	0.116	111
			结晶岩淡栗钙土	16.1	0.862	10.1	171	73.2	0.328	28.6	491	10.0	7.68	0.49	0.32	0.71	0.120	149
			砂砾岩淡栗钙土	14.6	0.824	16.0	189	66.4	0.357	29.7	546	10.8	9.29	0.54	0.45	0.90	0.119	132
		翁贡淖尔嘎查	平均值	12.9	0.688	4.8	189	60.1	0.450	25.5	552	18.5	18.14	0.90	0.50	0.57	0.133	190
			冲洪积淡栗钙土	12.5	0.672	6.7	179	67.6	0.449	25.8	514	18.4	16.21	0.80	0.42	0.71	0.132	179
			氯化物盐化栗钙土	13.4	0.704	2.9	200	52.6	0.451	25.2	590	18.6	20.06	1.01	0.57	0.42	0.135	201
		乌兰淖尔嘎查	平均值	15.3	0.873	14.2	173	66.6	0.343	28.8	494	10.8	9.56	0.52	0.69	0.83	0.121	133
			冲洪积淡栗钙土	14.3	0.819	13.5	165	64.0	0.361	28.5	485	12.1	10.01	0.52	0.54	0.77	0.128	148
			氯化物盐化栗钙土	16.0	0.907	15.1	183	68.2	0.336	30.3	500	8.8	9.53	0.51	0.78	0.90	0.109	92
			砂砾岩淡栗钙土	16.8	0.953	14.5	180	70.7	0.308	27.8	507	10.3	8.56	0.52	0.94	0.88	0.123	154
		新苏莫嘎查	平均值	15.8	0.763	1.8	142	63.3	0.384	26.5	493	11.8	10.10	0.64	0.42	0.55	0.131	144
			冲洪积栗钙土	16.2	0.817	1.8	138	70.7	0.416	24.3	516	14.2	12.54	0.86	0.36	0.58	0.138	144
			结晶岩淡栗钙土	14.9	0.665	1.8	151	62.3	0.346	31.1	468	9.7	6.29	0.37	0.35	0.61	0.118	149
			砂砾岩淡栗钙土	15.6	0.722	1.7	145	49.4	0.346	28.0	464	8.4	7.76	0.39	0.59	0.46	0.125	143
		伊和乌拉嘎查	平均值	18.4	1.097	5.3	152	79.3	0.436	25.0	568	17.5	16.41	0.90	0.63	0.57	0.129	186
			冲洪积淡栗钙土	20.6	1.193	6.8	193	91.5	0.388	26.1	550	15.8	14.39	0.80	0.64	0.69	0.125	170
			硅质石质土	16.7	1.015	3.6	124	75.9	0.436	24.0	580	17.3	17.80	0.99	0.66	0.55	0.128	189
			结晶岩栗钙土	21.8	1.232	8.5	214	80.6	0.440	24.5	555	17.2	14.74	0.96	0.69	0.72	0.128	171
			泥质岩淡栗钙土	16.7	1.015	3.6	124	73.6	0.482	23.7	608	19.5	18.20	1.00	0.51	0.47	0.132	201
			泥质岩栗钙土	17.2	1.059	3.9	133	75.1	0.456	24.8	572	18.1	17.46	0.93	0.52	0.49	0.135	200
			砂砾岩淡栗钙土	18.7	1.093	6.7	142	77.1	0.415	25.7	546	16.6	15.73	0.84	0.89	0.59	0.123	172
		乃仁陶力盖嘎查	平均值	15.8	1.037	4.7	162	78.0	0.444	25.7	583	17.3	15.93	0.85	0.52	0.57	0.133	188
			冲洪积淡栗钙土	16.2	1.068	5.9	178	79.6	0.395	26.0	556	15.4	14.00	0.77	0.60	0.56	0.122	174
			冲洪积栗钙土	15.0	0.997	3.1	148	76.2	0.482	25.2	597	19.9	18.65	0.97	0.53	0.54	0.135	197
			结晶岩淡栗钙土	17.3	1.093	6.9	173	80.1	0.424	26.8	585	13.5	12.01	0.67	0.38	0.64	0.143	187
		浩伊尔呼都嘎嘎查	生草风沙土	13.6	0.789	2.8	122	80.6	0.519	21.9	605	25.6	26.55	1.30	0.72	0.72	0.139	234
		塔林呼都嘎嘎查	冲洪积淡栗钙土	17.9	1.083	3.4	133	70.5	0.537	20.4	617	25.9	26.23	1.34	0.70	0.41	0.141	242

（续）

县市名称	苏木（乡镇）名称	嘎查（村）名称	土属	有机质(g/kg)	全氮(g/kg)	有效磷(mg/kg)	速效钾(mg/kg)	碱解氮(mg/kg)	全磷(g/kg)	全钾(g/kg)	缓效钾(mg/kg)	阳离子交换量[cmol(+)/kg]	有效锰(mg/kg)	有效铜(mg/kg)	有效锌(mg/kg)	有效硼(mg/kg)	有效钼(mg/kg)	有效硅(mg/kg)
镶黄旗	巴彦塔拉镇	音图嘎查	平均值	23.2	1.287	9.5	259	109.9	0.390	27.2	567	14.0	12.95	0.70	0.51	0.88	0.134	160
			冲洪积栗钙土	22.7	1.262	9.2	256	105.8	0.375	27.8	531	13.2	11.14	0.58	0.55	0.85	0.128	160
			硅质石质土	20.5	1.158	6.9	227	97.6	0.387	28.3	539	11.9	10.90	0.60	0.41	0.75	0.136	162
			结晶岩栗钙土	22.9	1.272	9.5	249	107.2	0.402	26.3	562	15.8	14.91	0.79	0.55	0.86	0.136	161
			泥质岩栗钙土	23.9	1.316	9.7	271	114.4	0.395	27.9	594	13.3	12.45	0.69	0.45	0.92	0.136	160
			砂砾岩栗钙土	23.9	1.325	9.3	280	121.5	0.274	26.1	569	9.0	8.30	0.46	0.38	0.93	0.114	162
		羊房沟嘎查	平均值	19.3	0.932	3.7	120	60.3	0.430	26.5	573	15.6	15.45	0.84	0.49	0.48	0.132	181
			冲洪积栗钙土	23.7	1.043	4.6	119	66.7	0.503	23.2	563	20.4	20.75	1.07	0.59	0.52	0.135	197
			结晶岩栗钙土	18.6	0.905	3.6	121	55.6	0.391	29.1	515	13.2	12.34	0.68	0.40	0.48	0.129	173
			砂砾岩栗钙土	15.4	0.839	2.9	121	57.2	0.383	28.0	617	12.5	12.22	0.72	0.44	0.43	0.131	170
		伊和德日苏嘎查	平均值	18.9	0.921	13.4	182	76.3	0.427	25.4	581	17.9	17.50	0.92	0.68	0.64	0.126	180
			冲洪积栗钙土	18.4	0.875	14.7	186	72.4	0.486	25.6	586	20.9	20.76	1.05	0.60	0.64	0.118	209
			结晶岩栗钙土	19.1	0.936	13.1	181	77.5	0.409	25.3	580	16.9	16.53	0.88	0.71	0.64	0.129	172
		伊和呼都嘎嘎查	平均值	19.2	1.220	4.2	151	75.4	0.395	27.9	549	11.4	9.49	0.63	0.40	0.45	0.129	160
			冲洪积栗钙土	18.9	1.291	5.3	166	77.9	0.361	28.4	506	10.7	9.22	0.57	0.31	0.42	0.139	162
			结晶岩栗钙土	19.0	1.208	5.3	149	76.4	0.376	27.2	564	12.3	10.62	0.78	0.45	0.52	0.127	156
			泥质岩栗钙土	19.5	1.186	2.2	144	72.6	0.439	28.2	562	10.9	8.36	0.47	0.41	0.39	0.124	165
		乌兰图嘎嘎查	平均值	17.8	0.936	3.4	189	81.0	0.387	27.3	569	14.4	14.42	0.80	0.62	0.48	0.124	168
			冲洪积栗钙土	17.7	0.930	3.3	187	81.0	0.371	28.0	558	13.3	13.35	0.74	0.63	0.47	0.122	163
			结晶岩栗钙土	17.5	0.917	3.2	195	83.1	0.385	28.8	665	11.9	8.71	0.57	0.34	0.46	0.125	155
			氯化物盐化栗钙土	19.4	1.008	3.6	203	79.5	0.538	20.3	621	25.9	26.84	1.47	0.67	0.58	0.142	221
		塔林乌苏嘎查	平均值	20.3	1.054	6.7	184	79.2	0.433	26.0	568	16.9	16.38	0.87	0.54	0.62	0.134	192
			冲洪积栗钙土	20.1	1.057	6.6	182	79.4	0.448	25.8	576	17.7	17.17	0.91	0.57	0.62	0.134	197
			结晶岩栗钙土	21.6	1.080	8.0	204	82.8	0.341	28.2	522	10.4	9.52	0.56	0.34	0.64	0.132	155
		敖包音高勒嘎查	平均值	20.1	1.123	7.3	177	78.5	0.486	25.2	538	20.2	19.53	1.06	0.56	0.62	0.135	201
			冲洪积栗钙土	20.2	1.140	6.9	184	78.9	0.493	24.8	576	20.2	19.22	1.08	0.54	0.61	0.136	206
			硅质石质土	20.7	1.169	9.8	159	80.6	0.584	24.8	608	27.0	26.79	1.31	0.72	0.72	0.121	242
			结晶岩栗钙土	19.7	1.038	8.6	162	76.1	0.399	26.6	608	15.4	15.68	0.85	0.49	0.59	0.139	164
			砂砾岩栗钙土	19.2	1.198	4.2	187	80.6	0.592	25.0	603	27.2	26.40	1.29	0.72	0.72	0.124	237

（续）

县市名称	苏木（乡镇）名称	嘎查（村）名称	土属	有机质 (g/kg)	全氮 (g/kg)	有效磷 (mg/kg)	速效钾 (mg/kg)	碱解氮 (mg/kg)	全磷 (g/kg)	全钾 (g/kg)	缓效钾 (mg/kg)	阳离子交换量［cmol (+) /kg］	有效锰 (mg/kg)	有效铜 (mg/kg)	有效锌 (mg/kg)	有效硼 (mg/kg)	有效钼 (mg/kg)	有效硅 (mg/kg)
镶黄旗	巴彦塔拉镇	巴嘎达布苏嘎查	平均值	18.9	0.939	2.6	152	68.0	0.472	24.8	614	19.0	18.62	0.98	0.60	0.51	0.133	193
			冲洪积淡栗钙土	18.6	0.926	2.7	151	67.7	0.473	24.5	624	19.9	19.53	1.04	0.61	0.51	0.134	194
			冲洪积栗钙土	19.3	0.972	3.3	150	68.6	0.514	25.2	615	19.2	17.01	0.89	0.57	0.49	0.128	191
			结晶岩栗钙土	21.0	1.136	3.8	186	75.3	0.406	25.9	633	17.0	18.04	0.95	0.51	0.53	0.145	172
			氯化物盐化栗钙土	19.3	0.906	1.5	149	67.0	0.455	25.2	580	17.0	17.29	0.89	0.60	0.51	0.132	196
		查布嘎查	平均值	21.2	1.166	7.3	229	99.2	0.435	25.8	569	18.1	18.15	0.93	0.63	0.76	0.135	190
			冲洪积淡栗钙土	23.2	1.297	8.8	261	116.6	0.387	28.3	539	11.9	10.90	0.60	0.41	0.89	0.136	162
			冲洪积栗钙土	20.6	1.125	6.7	225	100.9	0.457	24.9	586	19.4	20.13	1.02	0.70	0.73	0.139	195
			硅质石质土	23.8	1.320	9.4	272	120.9	0.286	28.9	482	10.3	7.49	0.33	0.20	0.94	0.117	133
			结晶岩栗钙土	21.9	1.213	8.5	231	99.2	0.407	26.7	529	15.9	14.04	0.79	0.40	0.80	0.129	182
			氯化物盐化栗钙土	17.5	0.918	3.2	197	80.6	0.517	32.7	707	16.9	27.53	1.03	0.44	0.72	0.152	281
			砂砾岩淡栗钙土	21.3	1.183	7.0	232	93.0	0.441	24.8	587	20.2	20.68	1.02	0.89	0.75	0.138	188
		古日班呼都嘎嘎查	平均值	21.2	1.218	6.5	206	98.2	0.443	26.2	592	16.4	13.53	0.78	0.48	0.71	0.131	171
			冲洪积淡栗钙土	19.6	1.148	4.2	170	86.1	0.453	26.1	623	17.2	15.35	0.83	0.53	0.51	0.133	186
			结晶岩栗钙土	22.0	1.238	8.6	217	101.0	0.506	23.1	546	23.0	21.17	1.07	0.61	0.79	0.135	217
			泥质岩淡栗钙土	18.8	1.161	3.0	143	80.1	0.490	28.0	731	15.7	8.42	0.58	0.45	0.58	0.121	170
			砂砾岩栗钙土	23.7	1.308	9.0	275	119.6	0.337	28.5	516	9.4	7.46	0.58	0.33	0.91	0.133	110
		古斯贵嘎查	平均值	20.1	1.008	5.2	179	75.2	0.448	24.7	601	18.9	19.04	1.01	0.56	0.59	0.131	188
			冲洪积栗钙土	19.7	0.988	5.0	180	76.5	0.531	22.9	635	23.7	24.20	1.25	0.75	0.59	0.133	214
			结晶岩栗钙土	21.3	1.087	7.9	209	83.5	0.405	23.7	591	17.5	18.06	0.92	0.61	0.70	0.132	161
			氯化物盐化栗钙土	19.8	0.968	4.0	171	70.7	0.593	25.1	599	27.3	26.06	1.27	0.72	0.52	0.128	222
			砂砾岩栗钙土	20.3	1.000	4.3	178	72.5	0.354	26.2	595	13.0	13.66	0.81	0.36	0.56	0.133	165
			（空白）	19.9	1.022	5.3	160	72.1	0.388	26.9	548	15.0	14.19	0.79	0.38	0.56	0.124	172
		哈登胡舒嘎查	平均值	18.7	0.996	5.2	159	71.1	0.439	25.5	575	17.3	15.64	0.88	0.76	0.58	0.131	177
			冲洪积栗钙土	19.4	1.025	5.1	155	73.5	0.490	22.4	603	22.7	23.14	1.21	1.10	0.60	0.136	190
			结晶岩栗钙土	18.8	1.015	5.8	166	72.7	0.410	26.9	571	15.5	12.61	0.73	0.61	0.59	0.125	171
			砂砾岩栗钙土	17.3	0.912	4.1	155	63.8	0.401	28.6	529	10.7	7.57	0.55	0.41	0.51	0.132	164
		哈那乌拉嘎查	平均值	21.4	1.238	6.8	225	91.1	0.420	25.5	556	16.9	16.40	0.83	0.51	0.70	0.136	183
			冲洪积栗钙土	21.1	1.203	6.4	219	89.2	0.443	24.6	579	18.6	18.74	0.94	0.56	0.69	0.141	188
			结晶岩栗钙土	21.3	1.247	6.5	223	97.4	0.443	27.0	553	16.9	16.44	0.84	0.54	0.68	0.132	191
			砂砾岩栗钙土	21.9	1.289	7.5	235	90.6	0.370	26.1	522	14.2	12.74	0.66	0.43	0.73	0.130	171

（续）

县市名称	苏木（乡镇）名称	嘎查（村）名称	土属	有机质 (g/kg)	全氮 (g/kg)	有效磷 (mg/kg)	速效钾 (mg/kg)	碱解氮 (mg/kg)	全磷 (g/kg)	全钾 (g/kg)	缓效钾 (mg/kg)	阳离子交换量［cmol (+) /kg］	有效锰 (mg/kg)	有效铜 (mg/kg)	有效锌 (mg/kg)	有效硼 (mg/kg)	有效钼 (mg/kg)	有效硅 (mg/kg)
镶黄旗	巴彦塔拉镇	汗乌拉嘎查	平均值	21.3	1.278	6.3	182	85.6	0.459	24.3	572	18.8	18.50	0.99	0.57	0.51	0.135	191
			冲洪积栗钙土	20.9	1.266	6.6	184	84.1	0.482	24.3	570	19.5	19.48	1.01	0.61	0.48	0.134	199
			结晶岩栗钙土	22.1	1.304	6.4	186	88.3	0.399	25.6	570	15.9	14.62	0.86	0.45	0.57	0.135	166
			泥质岩栗钙土	22.6	1.298	4.3	152	89.4	0.464	21.2	595	21.3	22.07	1.22	0.58	0.51	0.145	206
		浩特音高勒嘎查	平均值	24.7	1.425	4.6	204	87.8	0.434	25.3	580	17.0	17.66	0.95	0.59	0.49	0.132	185
			冲洪积栗钙土	22.3	1.293	4.5	172	83.0	0.510	22.0	557	20.0	20.73	1.08	0.60	0.43	0.135	205
			氯化物盐化栗钙土	20.0	1.102	3.0	154	74.9	0.463	22.5	609	21.0	21.05	1.15	0.52	0.41	0.131	163
			泥质岩栗钙土	24.2	1.391	7.8	201	87.8	0.449	25.5	576	19.3	19.90	1.00	0.67	0.63	0.131	207
			砂砾岩栗钙土	27.8	1.611	4.2	239	94.5	0.376	28.2	586	13.4	14.12	0.79	0.57	0.49	0.130	174
		呼尔敦高勒嘎查	平均值	19.8	1.057	10.1	197	79.1	0.471	25.4	582	19.6	19.14	1.02	0.60	0.58	0.130	202
			冲洪积栗钙土	19.8	1.074	10.0	199	79.3	0.465	25.3	570	19.0	18.58	0.99	0.58	0.58	0.127	201
			结晶岩栗钙土	19.6	1.014	10.9	194	79.2	0.507	24.9	582	22.3	21.11	1.12	0.65	0.59	0.133	213
			砂砾岩栗钙土	20.4	1.166	5.6	203	77.0	0.288	29.8	723	8.3	12.19	0.74	0.39	0.52	0.142	138
		霍布尔嘎查	平均值	14.0	0.905	3.7	166	79.1	0.469	25.5	582	20.7	20.60	1.08	0.71	0.48	0.132	188
			冲洪积栗钙土	14.2	0.891	3.5	145	79.5	0.443	27.4	570	18.2	17.56	0.97	0.71	0.47	0.128	166
			氯化物盐化栗钙土	13.6	0.934	4.0	207	78.5	0.521	21.9	607	25.6	26.70	1.30	0.72	0.49	0.141	232
		昆都伦嘎查	平均值	16.5	0.962	7.0	170	66.5	0.455	26.4	577	16.6	15.52	0.85	0.62	0.51	0.129	184
			冲洪积栗钙土	16.2	0.964	6.4	167	64.5	0.426	27.0	556	14.2	13.04	0.73	0.57	0.49	0.128	171
			结晶岩栗钙土	17.2	0.985	7.4	171	71.3	0.514	25.2	638	21.2	20.12	1.12	0.77	0.54	0.129	211
			砂砾岩栗钙土	11.9	0.706	7.1	205	60.0	0.519	21.9	616	25.6	27.40	1.33	0.73	0.61	0.139	236
			（空白）	19.2	0.958	13.5	200	78.6	0.593	25.1	630	27.3	26.14	1.28	0.72	0.64	0.127	226
		模日格其嘎查	平均值	19.6	1.116	11.8	246	89.9	0.440	27.1	584	16.9	16.31	0.85	0.57	0.57	0.139	192
			冲洪积栗钙土	20.4	1.148	11.9	249	90.8	0.463	26.4	549	18.3	17.73	0.89	0.52	0.59	0.134	196
			结晶岩栗钙土	18.7	1.073	11.7	242	88.7	0.408	28.0	631	15.0	14.43	0.81	0.64	0.53	0.145	186
		苏吉音高勒嘎查	平均值	25.0	1.375	7.5	242	89.7	0.436	25.3	583	18.2	17.86	0.96	0.63	0.65	0.131	179
			冲洪积栗钙土	25.3	1.398	7.7	243	91.0	0.419	25.5	576	17.3	17.21	0.92	0.60	0.65	0.132	178
			结晶岩暗栗钙土	24.9	1.349	7.1	244	88.9	0.437	25.4	598	18.5	18.55	0.99	0.71	0.64	0.130	177
			氯化物盐化栗钙土	27.5	1.516	7.7	295	99.2	0.592	25.0	601	27.3	26.26	1.28	0.72	0.64	0.127	231
			沙质草甸栗钙土	21.6	1.252	7.5	163	80.6	0.453	23.4	541	16.7	15.55	1.11	0.44	0.72	0.135	147
			砂砾岩栗钙土	26.2	1.411	7.0	265	88.3	0.490	25.2	560	21.2	16.71	0.83	0.47	0.67	0.131	203

（续）

县市名称	苏木（乡镇）名称	嘎查（村）名称	土属	有机质 (g/kg)	全氮 (g/kg)	有效磷 (mg/kg)	速效钾 (mg/kg)	碱解氮 (mg/kg)	全磷 (g/kg)	全钾 (g/kg)	缓效钾 (mg/kg)	阳离子交换量［cmol（+）/kg］	有效锰 (mg/kg)	有效铜 (mg/kg)	有效锌 (mg/kg)	有效硼 (mg/kg)	有效钼 (mg/kg)	有效硅 (mg/kg)
镶黄旗	宝格达音高勒苏木	敖恩格其嘎查	平均值	17.4	0.946	3.5	127	74.9	0.427	25.4	524	15.2	15.11	0.76	0.42	0.47	0.133	180
			冲洪积栗钙土	14.4	0.853	2.2	104	73.5	0.444	24.3	523	17.8	16.37	0.85	0.44	0.54	0.135	185
			砂砾岩栗钙土	19.5	1.009	4.3	142	75.9	0.416	26.1	524	13.4	14.28	0.71	0.41	0.41	0.132	177
		巴彦查干嘎查	平均值	18.7	0.994	5.1	145	76.2	0.461	25.2	570	19.4	19.28	0.99	0.59	0.58	0.131	192
			冲洪积淡栗钙土	19.0	1.018	4.8	157	74.3	0.375	25.9	501	13.8	13.33	0.82	0.48	0.65	0.128	180
			冲洪积栗钙土	17.8	0.965	4.3	140	76.2	0.477	26.3	610	20.1	20.56	1.03	0.57	0.59	0.132	198
			结晶岩暗栗钙土	20.7	1.171	7.6	162	85.3	0.532	20.9	611	25.8	26.72	1.36	0.70	0.58	0.141	222
			结晶岩栗钙土	18.7	0.984	5.0	144	75.8	0.458	25.5	563	19.2	18.77	0.95	0.60	0.57	0.130	188
			泥质岩栗钙土	18.8	0.990	5.5	132	73.4	0.465	23.1	589	20.1	20.59	1.08	0.59	0.51	0.133	201
		宝格达音高勒嘎查	平均值	22.6	1.331	6.3	247	86.6	0.452	25.1	553	17.5	17.27	0.85	0.55	0.77	0.131	192
			冲洪积淡栗钙土	22.7	1.330	7.1	234	86.4	0.455	24.9	556	17.7	17.51	0.89	0.53	0.76	0.136	189
			冲洪积栗钙土	22.4	1.376	5.0	227	89.0	0.299	30.0	577	7.8	8.11	0.41	0.53	0.66	0.091	114
			氯化物盐化栗钙土	22.3	1.311	4.0	306	86.4	0.518	23.6	528	21.8	21.01	0.95	0.62	0.83	0.132	243
		宝力图嘎查	平均值	18.1	1.016	4.0	168	65.2	0.462	25.0	613	19.0	17.50	0.97	0.63	0.45	0.127	194
			冲洪积淡栗钙土	17.7	1.041	3.4	194	68.2	0.387	28.3	539	11.9	10.90	0.60	0.41	0.43	0.136	162
			冲洪积栗钙土	17.8	0.990	3.6	166	64.4	0.487	24.6	629	20.2	18.24	1.02	0.70	0.44	0.127	201
			结晶岩栗钙土	19.7	1.120	6.1	162	67.0	0.387	25.1	576	17.1	17.45	0.91	0.40	0.50	0.119	178
		宝日达布苏嘎查	平均值	21.8	1.310	4.3	179	81.3	0.451	25.0	599	18.7	18.38	0.97	0.61	0.60	0.136	197
			冲洪积淡栗钙土	21.7	1.298	4.3	173	80.6	0.454	24.4	600	19.3	18.94	1.00	0.63	0.59	0.134	190
			氯化物盐化栗钙土	23.3	1.425	4.7	239	88.8	0.416	30.7	585	13.6	12.72	0.64	0.39	0.67	0.150	263
		查干德日苏嘎查	平均值	19.9	1.055	5.3	165	75.6	0.484	25.0	595	20.9	20.61	1.03	0.72	0.66	0.127	192
			冲洪积淡栗钙土	20.4	1.094	5.6	173	76.6	0.502	24.5	593	22.0	21.88	1.08	0.72	0.67	0.130	201
			结晶岩栗钙土	18.9	0.979	4.9	152	73.9	0.455	26.0	597	19.0	18.45	0.95	0.73	0.65	0.122	177
			砂砾岩栗钙土	25.1	1.457	8.2	222	79.3	0.522	21.8	607	25.6	26.68	1.30	0.72	0.67	0.141	232
		都日本呼都嘎嘎查	平均值	19.7	1.218	4.1	181	81.6	0.469	26.0	536	17.9	17.16	0.88	0.51	0.59	0.125	193
			冲洪积淡栗钙土	20.6	1.265	4.2	178	82.1	0.451	26.3	526	16.8	16.77	0.83	0.51	0.58	0.124	193
			结晶岩淡栗钙土	18.2	1.144	3.8	186	79.9	0.547	24.2	579	24.0	21.51	1.09	0.60	0.67	0.129	220
			砂砾岩淡栗钙土	13.8	0.850	3.6	198	82.0	0.411	28.9	509	8.7	5.26	0.74	0.22	0.48	0.123	91
		额很乌苏嘎查	平均值	27.0	1.591	11.0	278	94.3	0.453	26.7	533	17.6	15.78	0.70	0.63	0.74	0.137	192
			冲洪积淡栗钙土	25.6	1.535	11.2	269	90.9	0.454	26.2	540	18.1	16.73	0.76	0.70	0.73	0.138	194
			砂砾岩栗钙土	31.1	1.760	10.5	306	104.6	0.450	28.3	513	16.0	12.91	0.53	0.41	0.77	0.133	183

（续）

县市名称	苏木（乡镇）名称	嘎查（村）名称	土属	有机质 (g/kg)	全氮 (g/kg)	有效磷 (mg/kg)	速效钾 (mg/kg)	碱解氮 (mg/kg)	全磷 (g/kg)	全钾 (g/kg)	缓效钾 (mg/kg)	阳离子交换量［cmol（+）/kg］	有效锰 (mg/kg)	有效铜 (mg/kg)	有效锌 (mg/kg)	有效硼 (mg/kg)	有效钼 (mg/kg)	有效硅 (mg/kg)
镶黄旗	宝格达音高勒苏木	额勒苏台嘎查	平均值	19.7	1.077	6.5	158	76.7	0.380	28.4	564	12.7	12.94	0.66	0.66	0.66	0.146	170
			冲洪积淡栗钙土	19.6	1.080	6.9	158	77.2	0.392	28.0	557	12.3	12.82	0.62	0.62	0.67	0.154	183
			结晶岩栗钙土	18.7	0.950	4.6	151	76.0	0.429	27.4	611	17.5	17.42	0.89	0.85	0.67	0.134	167
			砂砾岩栗钙土	20.5	1.156	7.0	163	76.3	0.325	29.8	545	10.0	10.16	0.57	0.58	0.63	0.139	151
		哈登苏莫嘎查	平均值	20.9	1.351	7.2	174	76.9	0.467	24.8	563	19.6	18.40	0.95	0.53	0.54	0.146	205
			冲洪积淡栗钙土	20.9	1.346	7.4	175	76.8	0.490	24.0	583	21.5	20.74	1.04	0.58	0.55	0.143	212
			结晶岩淡栗钙土	21.0	1.372	6.8	173	77.3	0.366	28.4	475	11.4	7.83	0.56	0.34	0.49	0.161	170
		哈夏图嘎查	平均值	20.6	1.182	7.0	162	85.2	0.452	25.5	582	18.7	18.38	0.97	0.59	0.59	0.137	183
			冲洪积暗栗钙土	22.5	1.317	6.6	150	87.2	0.472	25.2	614	19.1	19.08	1.07	0.65	0.65	0.136	180
			冲洪积栗钙土	20.6	1.168	6.9	163	86.2	0.451	25.6	568	18.5	18.04	0.92	0.51	0.57	0.136	188
			结晶岩暗栗钙土	20.0	1.155	7.2	164	83.4	0.448	25.4	550	18.9	18.55	0.99	0.66	0.60	0.139	178
		浩尼钦哈夏图嘎查	平均值	21.5	1.305	4.5	171	82.5	0.462	25.2	568	19.5	19.44	0.97	0.61	0.60	0.128	199
			冲洪积淡栗钙土	21.6	1.325	3.8	172	82.8	0.449	26.2	560	18.6	18.36	0.91	0.59	0.59	0.126	190
			砂砾岩淡栗钙土	20.7	1.169	9.8	159	80.6	0.554	18.8	624	26.1	26.95	1.40	0.76	0.72	0.142	260
		呼图勒乌苏嘎查	平均值	24.4	1.401	8.7	213	85.2	0.435	27.2	582	15.9	15.59	0.78	0.65	0.68	0.146	175
			冲洪积淡栗钙土	25.1	1.436	8.9	222	85.7	0.447	27.0	576	16.7	16.33	0.77	0.68	0.69	0.141	184
			结晶岩栗钙土	23.1	1.342	7.8	197	82.9	0.382	28.7	596	13.2	13.34	0.78	0.58	0.65	0.153	127
			砂砾岩栗钙土	22.6	1.282	9.3	186	86.5	0.460	26.1	594	15.4	15.15	0.83	0.63	0.68	0.161	207
		那日图嘎查	平均值	25.6	1.503	9.5	277	94.7	0.391	26.7	551	15.6	14.20	0.73	0.67	0.84	0.129	165
			冲洪积淡栗钙土	25.6	1.482	9.0	272	92.9	0.410	26.1	571	17.3	16.32	0.85	0.82	0.81	0.132	171
			结晶岩栗钙土	26.0	1.614	11.6	282	99.9	0.315	27.3	553	10.7	9.10	0.51	0.34	0.91	0.125	152
			砂砾岩淡栗钙土	26.6	1.479	7.9	287	93.6	0.444	28.7	442	17.3	14.14	0.46	0.46	0.79	0.123	179
			砂砾岩栗钙土	23.5	1.430	10.4	312	100.8	0.358	30.2	438	9.8	6.25	0.33	0.24	0.98	0.112	131
		苏吉嘎查	平均值	19.7	1.007	4.5	140	79.4	0.459	24.7	553	17.7	17.65	0.92	0.53	0.45	0.135	196
			冲洪积栗钙土	19.8	0.988	4.4	139	78.1	0.481	24.1	555	18.4	17.85	0.94	0.53	0.43	0.135	199
			结晶岩栗钙土	19.2	1.052	4.5	145	84.1	0.336	28.8	553	10.1	9.83	0.58	0.32	0.61	0.135	151
			泥质岩栗钙土	19.0	1.004	4.2	132	78.4	0.423	25.4	584	17.0	18.53	0.91	0.63	0.39	0.130	201
			砂砾岩栗钙土	20.8	1.147	6.1	158	86.8	0.520	21.9	639	25.6	29.11	1.41	0.74	0.49	0.139	240
		陶勒盖乌苏嘎查	平均值	23.6	1.390	6.1	146	89.0	0.475	25.4	591	20.7	21.13	1.04	0.67	0.65	0.137	202
			冲洪积栗钙土	25.1	1.510	5.6	139	93.2	0.471	24.9	599	21.0	21.49	1.08	0.62	0.67	0.135	187
			结晶岩暗栗钙土	21.4	1.214	6.8	155	82.7	0.480	26.1	580	20.3	20.61	0.99	0.74	0.63	0.140	224
		希博图嘎查	冲洪积淡栗钙土	22.6	1.378	8.4	225	101.2	0.392	26.1	543	15.2	14.55	0.78	0.46	0.69	0.130	152

（续）

县市名称	苏木（乡镇）名称	嘎查（村）名称	土属	有机质(g/kg)	全氮(g/kg)	有效磷(mg/kg)	速效钾(mg/kg)	碱解氮(mg/kg)	全磷(g/kg)	全钾(g/kg)	缓效钾(mg/kg)	阳离子交换量［cmol(+)/kg］	有效锰(mg/kg)	有效铜(mg/kg)	有效锌(mg/kg)	有效硼(mg/kg)	有效钼(mg/kg)	有效硅(mg/kg)
镶黄旗	宝格达音高勒苏木	雅日盖嘎查	平均值	22.0	1.226	5.6	214	80.9	0.442	26.2	543	17.2	16.06	0.78	0.59	0.72	0.133	183
			冲洪积淡栗钙土	22.3	1.228	6.1	223	83.7	0.434	26.8	554	17.3	15.61	0.74	0.62	0.77	0.131	183
			结晶岩栗钙土	21.5	1.200	5.5	204	77.2	0.459	25.6	530	17.4	16.41	0.82	0.52	0.69	0.130	182
			泥质岩栗钙土	22.8	1.388	3.5	252	78.9	0.328	28.5	470	6.3	6.84	0.34	0.61	0.66	0.156	137
			砂砾岩栗钙土	21.6	1.176	4.1	165	81.1	0.521	21.9	607	25.6	26.71	1.30	0.72	0.59	0.141	232
		扎布拉胡嘎查	平均值	22.1	1.249	7.5	186	78.6	0.488	24.4	582	21.3	20.81	1.08	0.71	0.68	0.131	191
			冲洪积淡栗钙土	22.8	1.296	8.0	194	78.8	0.466	23.9	588	20.2	19.74	1.06	0.73	0.69	0.133	180
			结晶岩栗钙土	20.9	1.167	6.5	172	77.4	0.500	24.9	575	22.1	21.55	1.08	0.70	0.66	0.129	202
			砂砾岩栗钙土	24.1	1.375	9.5	208	82.2	0.532	24.3	589	23.2	22.40	1.15	0.62	0.72	0.134	193
		哈日淖尔嘎查	平均值	22.2	1.337	9.9	277	96.9	0.369	27.0	520	13.3	11.16	0.63	0.34	0.91	0.130	168
			冲洪积淡栗钙土	23.6	1.440	10.4	310	102.8	0.329	29.8	510	10.2	7.54	0.43	0.25	0.98	0.130	140
			壤质盐化潮土	21.0	1.237	9.3	247	92.8	0.428	24.5	557	16.4	15.67	0.89	0.47	0.86	0.135	199
			砂砾岩栗钙土	21.7	1.307	10.1	265	93.4	0.353	25.8	490	13.9	10.95	0.59	0.34	0.89	0.124	171
		塔林宝日嘎查	平均值	19.7	1.064	5.6	152	78.3	0.495	23.6	586	21.9	22.03	1.14	0.63	0.61	0.139	211
			冲洪积栗钙土	21.8	1.265	7.1	165	83.0	0.473	24.4	577	18.8	17.60	1.03	0.57	0.59	0.143	194
			结晶岩栗钙土	19.0	0.998	5.1	148	76.8	0.502	23.3	589	22.9	23.51	1.18	0.65	0.61	0.138	217
		浩尼钦哈夏图嘎查	灰色草甸土	21.7	1.328	3.8	174	83.1	0.521	21.8	603	25.6	26.41	1.29	0.72	0.57	0.141	224
		哈登苏莫嘎查	结晶岩栗钙土	21.0	1.370	6.6	171	77.6	0.295	26.6	464	9.5	6.31	0.46	0.19	0.49	0.115	137
	新宝拉格镇	新宝拉格	冲洪积淡栗钙土	18.6	0.927	4.3	150	75.7	0.554	18.8	620	26.1	26.77	1.47	0.65	0.65	0.142	217
总计				31.4	1.728	7.6	184	123.6	0.428	26.2	568	16.8	15.92	0.85	0.57	0.66	0.132	180

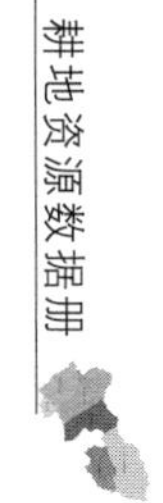

附表5 锡林郭勒盟牧区七旗市不同地力等级耕地理化性状统计表

行政区	地力等级	有机质(g/kg)	全氮(g/kg)	碱解氮(mg/kg)	有效磷(mg/kg)	速效钾(mg/kg)	全磷(g/kg)	全钾(g/kg)	缓效钾(mg/kg)	有效锰(mg/kg)	有效铜(mg/kg)	有效锌(mg/kg)	有效硼(mg/kg)	有效钼(mg/kg)	有效硅(mg/kg)
牧区平均	一级	56.1	2.914	208.5	8.83	228	0.382	27.9	556	13.56	0.697	0.542	0.818	0.135	158
	二级	30.9	1.683	127.8	8.25	197	0.406	26.5	557	14.86	0.785	0.547	0.728	0.130	173
	三级	22.1	1.258	88.0	7.66	164	0.441	25.7	566	16.7	0.886	0.576	0.625	0.131	182
	四级	17.8	1.011	72.0	6.36	156	0.430	26.2	568	15.62	0.841	0.569	0.647	0.131	180
	五级	13.8	0.899	53.7	8.02	146	0.447	25.7	566	16.23	0.877	0.539	0.551	0.130	186
阿巴嘎旗	二级	26.2	1.457	111.4	21.61	238	0.378	28.5	577	12.5	0.670	0.683	0.920	0.132	157
	三级	19.6	1.119	87.7	18.73	282	0.433	26.9	549	15.9	0.718	0.689	0.750	0.131	186
	四级	18.5	0.995	74.6	7.29	172	0.394	27.1	568	13.9	0.784	0.519	0.652	0.129	173
东乌珠穆沁旗	一级	56.2	2.914	208.5	8.25	228	0.382	27.9	556	13.6	0.697	0.542	0.818	0.135	158
	二级	43.2	2.366	170.1	8.51	214	0.392	25.3	551	15.0	0.838	0.515	0.694	0.129	176
	三级	25.8	1.406	97.1	9.04	187	0.399	26.6	556	14.9	0.820	0.450	0.731	0.131	169
	四级	33.5	1.965	119.1	7.60	189	0.462	23.8	594	20.0	1.033	0.716	0.751	0.137	197
二连浩特市	三级	20.7	1.169	80.6	9.76	159	0.387	28.3	539	10.9	0.599	0.410	0.718	0.136	162
	五级	9.3	0.497	27.5	8.87	100	0.304	28.5	479	7.4	0.341	0.229	1.410	0.123	149
苏尼特右旗	二级	22.6	1.359	80.3	8.43	210	0.465	26.4	544	17.3	0.796	0.501	0.781	0.134	192
	三级	16.7	1.002	72.4	10.18	179	0.472	25.6	567	19.6	0.942	0.696	0.782	0.132	189
	四级	14.2	0.883	57.5	8.06	162	0.423	26.6	548	15.6	0.804	0.633	0.710	0.130	181
	五级	13.1	0.892	50.9	9.17	150	0.449	25.6	570	16.2	0.888	0.537	0.549	0.131	188
苏尼特左旗	二级	20.7	1.169	80.6	9.76	159	0.332	25.5	559	6.3	0.861	0.986	0.718	0.097	168
	三级	16.8	1.001	62.1	13.49	181	0.427	26.3	501	13.7	0.677	0.420	0.850	0.134	170
	四级	13.2	0.724	45.2	10.15	151	0.364	28.7	526	10.4	0.546	0.470	1.168	0.130	154
	五级	6.9	0.443	26.9	4.14	111	0.440	26.4	549	15.6	0.790	0.469	0.616	0.130	183
西乌珠穆沁旗	二级	32.3	1.707	138.6	7.11	125	0.405	26.9	548	14.5	0.747	0.512	0.684	0.129	171
	三级	26.9	1.533	106.8	7.51	127	0.442	25.6	569	16.8	0.904	0.558	0.564	0.131	185
	四级	20.7	1.177	85.7	5.06	110	0.460	25.0	567	17.0	0.912	0.571	0.484	0.130	185
	五级	20.4	1.150	92.2	6.13	117	0.450	26.9	479	14.5	0.756	0.406	0.594	0.125	201
镶黄旗	二级	23.5	1.304	98.0	9.22	246	0.415	26.6	567	15.2	0.801	0.582	0.764	0.132	174
	三级	19.7	1.118	78.2	6.98	179	0.441	25.7	567	16.7	0.887	0.585	0.637	0.132	181
	四级	18.1	1.029	75.2	5.26	165	0.444	25.8	581	16.7	0.899	0.581	0.567	0.131	186
	五级	19.1	1.088	73.3	4.74	145	0.444	25.7	563	17.0	0.884	0.586	0.513	0.131	180

图书在版编目（CIP）数据

锡林郭勒盟牧区耕地与科学施肥/程利，胡玉敏主编．—北京：中国农业出版社，2020.9
ISBN 978-7-109-27218-7

Ⅰ．①锡… Ⅱ．①程…②胡… Ⅲ．①牧区－耕作土壤－土壤肥力－锡林郭勒盟②牧区－施肥－锡林郭勒盟
Ⅳ．①S159.226.2②S147.2

中国版本图书馆 CIP 数据核字（2020）第 157183 号

中国农业出版社出版
地址：北京市朝阳区麦子店街 18 号楼
邮编：100125
责任编辑：郭　科　孟令洋
版式设计：王　晨　　责任校对：沙凯霖
印刷：中农印务有限公司
版次：2020 年 9 月第 1 版
印次：2020 年 9 月北京第 1 次印刷
发行：新华书店北京发行所
开本：787mm×1092mm　1/16
印张：9.5　　插页：4
字数：220 千字
定价：60.00 元